机会网络的多媒体传输及应用

李 鹏 著

陕西师范大学优秀学术著作出版资助

科 学 出 版 社
北 京

内 容 简 介

本书涵盖机会网络的多媒体传输基础理论、研究趋势和研究实例。首先系统地介绍机会网络及其多媒体内容传输技术，其次全面阐述机会网络多媒体应用的实际场景，展现多媒体传输技术在现实生活中的巨大应用潜力，最后针对机会网络的视频传输和校园协作学习应用等方面的关键问题，提供解决方法和应用案例。本书不仅深入浅出地阐述机会组网与传输的技术原理，还结合大量案例分析，使读者能够更好地理解和运用其中的知识。通过本书，读者可以系统地了解机会网络多媒体传输的前沿技术和发展趋势，为相关领域的研究和实践提供参考。

本书可作为计算机科学、通信工程、信息技术等相关专业学生的参考用书，也能为从事无线传感器网络、移动计算等领域研究的科研人员，以及从事多媒体应用开发的工程技术人员提供思路和借鉴。

图书在版编目(CIP)数据

机会网络的多媒体传输及应用 / 李鹏著. — 北京：科学出版社, 2024. 9.
ISBN 978-7-03-079425-3

Ⅰ.TN929.5

中国国家版本馆 CIP 数据核字第 2024M1C595 号

责任编辑：宋无汗 / 责任校对：崔向琳
责任印制：徐晓晨 / 封面设计：陈　敬

科学出版社 出版
北京东黄城根北街 16 号
邮政编码：100717
http://www. sciencep. com

保定市中画美凯印刷有限公司印刷

科学出版社发行　各地新华书店经销

*

2024 年 9 月第　一　版　开本：720×1000　1/16
2025 年 1 月第二次印刷　印张：8
字数：161 000

定价：98.00 元

前　言

在校园环境中，现代教育理论与技术的不断发展创新，使得“以学生为中心”的理念越来越深入人心，以学生为中心的各种教学改革形式大量涌现。协作学习便是被普遍认可的校园学习交互方式。传统协作学习多发生于同一时间、同一空间进行的学习活动中。随着互联网技术的不断发展和教学改革需求的不断深入，计算机支持的协作学习（CSCL）迅速发展为协作学习的主要表现形式。然而，当前的 CSCL 大多为在线学习，需要在网络连接的前提下进行。如何解决学习者节点在无线网络环境下的组网与消息传输问题成为促进协作学习理论丰富发展的重要内容。本书面向机会网络中的多媒体高效扩散问题，研究基于特定视频压缩编码的机会扩散机制，通过系统建模、理论分析、数值模拟和实验研究，全面分析机会网络中影响学习视频内容高效传输的关键因素及其相互关系，揭示了视频编码与数据分块调度之间的关联关系，在此基础上提出了面向机会网络传输的压缩视频高效扩散的新理论和新方法。

本书以机会网络传输环境下的多媒体数据传输为研究内容，在分析机会网络关键参数、视频压缩算法、最优分块大小计算和消息的路由调度策略等关键问题上，提出面向机会网络通信的数据分块高效传输方法，并基于移动社会网络（MSN）环境下的校园协作学习，研究校园学习者社区中的节点影响力计算方法，以此支持学习交互中的消息传输，最大限度发挥协作学习对学习者的积极作用。本书主要内容包括：

（1）机会网络传输能力评价与相应关键参数计算方法研究；

（2）基于视频经典压缩算法提出最优化的数据分块大小计算方法；

（3）建立视频分块的紧缺度定义模型，定义恶劣网络环境下的分块紧缺度方程，并以此为基础设计了渐进式的分块均匀分布调度算法；

（4）通过分析在线协作学习与基于 MSN 协作学习的差异，研究校园环境学习者社区中的高影响力节点计算方法；

（5）通过对移动学习者的物理轨迹变化、学习交互和问答正确率等多因素的提取，提出一种新颖的节点影响力评价因素，设计符合 MSN 环境下校园协作学习社区的 TOP-K 节点影响力算法；

（6）对学习资源在校园协作学习情景下的高效扩散问题，提出一种以协作小组为通信单元的消息路由与调度方法；

（7）对移动社会网络中的冷启动阶段进行定义和划分，分别对移动社会网络运行初期的冷启动阶段和移动节点形成学习社区产生活跃互动阶段的最优消息传输策略进行了论述；

（8）根据节点活跃度越高接触消息越多，节点对之间亲密度越高传输成功率越高的特性，提出了基于节点活跃度和社交亲密度的学习资源推荐机制。

通过对上述机会网络和移动社会网络相关技术支持下的校园协作学习方法进行论述，深入探讨移动学习者开展学习交互与协作学习的主要方法策略，充实和丰富计算机支持的协作学习理论体系，为信息技术支撑的教育和学习改革提供新思路和新方法。

本书由李鹏撰写，刘宏、齐国慧、曹玉梅、金芳竹等参与书稿整理工作。本书相关研究得到了国家自然科学基金面上项目基于移动社会网络的校园协作学习交互与微视频扩散关键技术研究（项目编号：61877037）的大力支持，在此向对研究工作给予支持和帮助的人员表示衷心的感谢。

本书内容虽然涉及机会网络、移动社会网络、协作学习等多个方面，但无法涵盖所有理论和技术领域，仍需要在后续的研究中持续发展、改进和提高。同时，对于本书存在的疏漏和不妥之处，恳请读者、研究人员和业界专家学者不吝指正。

目　录

第1章　绪　　论

1.1　研究背景与应用前景

机会网络的出现和发展伴随着网络技术、计算机技术和移动计算技术的进步与演化。移动自组织网络和延迟容忍网络为机会网络发展提供了重要支撑，是未来全面实现普适计算的重要形式，对信息时代的生产生活方式革新具有重要意义。

1.1.1　移动自组织网络

信息时代，人们的沟通方式与信息获取渠道正在发生重要变化，日益成熟的互联网、物联网、移动计算等新兴技术使人们对无线通信技术的快速发展与不断革新有迫切需求[1]。目前主流的无线通信往往需要有固定基础设施的支持才能实现，如遍布各处的移动通信基站、各类无线局域网接入点等[2]。当这些支持无线通信的基础设施因灾害或技术原因发生故障，或者用户基于通信代价的考虑而放弃使用有偿通信，或者在应急状况下，实现移动节点与附近节点之间的互联互通，就需要无线移动自组织网络（mobile ad hoc network，MANET）技术的支持[3]。无线移动自组织网络结构如图 1-1 所示。

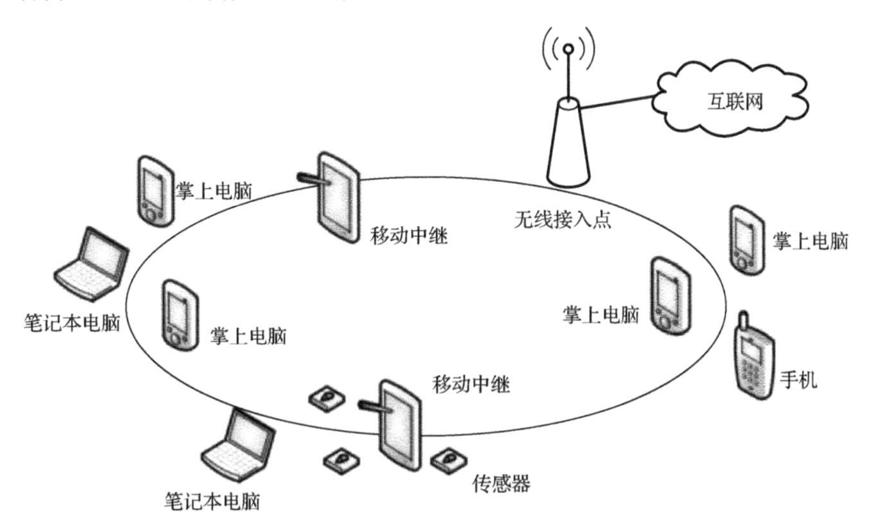

图 1-1　无线移动自组织网络结构

随着手机、笔记本电脑、平板电脑、智能电话手表、车载电脑等无线多媒体移动通信终端的发展与普及，无线移动自组织网络能够发挥越来越重要的作用，已经成为研究热点[4]。

无线移动自组织网络针对自组织网络中移动节点的组网与传输开展研究。MANET 是一种特殊的新型无线移动自组织网络，基于自组织网络，强调节点的移动特性，满足了移动终端的自组网需求，它将移动通信和计算机网络技术结合在一起，实现网络的快速部署[5]。移动自组织网络是由具备移动路由功能的主机通过无线连接而成的多跳临时自治系统。移动主机能自由运动，并按照距离变化实现附近节点的自动组网，进而通过数据的分组转发实现节点通信[6]。

对于节点稀疏状况或者节点频繁移动易造成网络连接频繁中断的情形，网络仍需要不断地自组织建立端到端的通信链路之后才完成传输，动态多变的网络拓扑结构使得可靠的网络链路难以有效成型，这成为移动自组织网络的固有局限性[7]。

延迟/中断容忍网络（delay/disrupt tolerant network，DTN）源于星际通信网络，最初是延迟容忍网络研究组（Delay Tolerant Network Research Group，DTNRG）为星际网络（inter-planetary network，IPN）通信提出来的网络形态，现泛指在移动节点组网过程中，难以建立源节点到目的节点端到端的路径的无线网络。DTN 体系以束层所使用的束协议（bundle protocol，BP）为主要协议，用数据单元“束”（bundle）进行信息传输，是一种以存储-携带-转发的方式进行通信的网络体系[8]。

1.1.2　机会传输意义

MANET 和 DTN 面对的都是移动通信节点之间的组网与数据传输问题，但二者的侧重点不同，前者主要体现在拓扑结构的不断演变和节点相遇的不可预测性；后者主要体现在节点间周期性、规律性的连通与断开，是一种可以预测连接的组网与数据传输方式[9]。

机会网络转变了对节点移动造成网络连接中断的消极判断，转而认为是节点移动带来了建立延时连接传输消息的机会。机会网络不要求网络全连通，可通过中继节点的转发来实现消息传输。移动自组织网络、延迟容忍网络和机会网络之间的关系如图 1-2 所示。

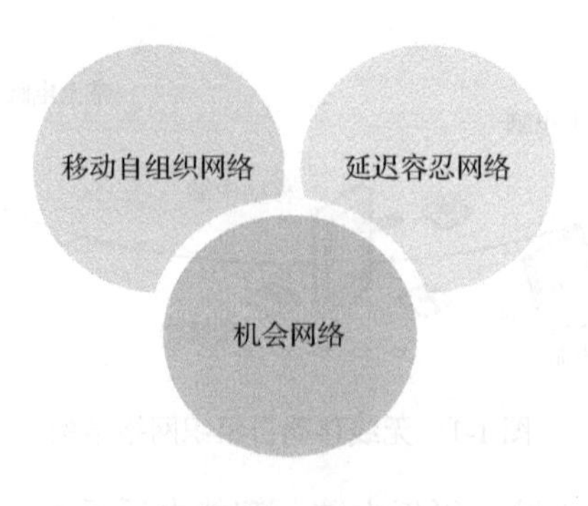

图 1-2　三种网络体系结构关系

机会网络节点作为主机终端，可以运行各种面向用户的应用程序；作为路由器，可使节点具备路由和分组转发功能。机会网络节点能够适应网络结构的动态变化，快速检测其他节点的存在和探测其他节点的通信能力，实现快速自动组网，体现了分布式特征。

1.1.3　机会网络特点

机会网络节点的地位是平等的，网络结构是非层次的、平面化的。机会网络节点除具备基本的通信能力外，还具备一定的存储能力、计算能力和一定能量储备。

机会网络消息传输示意图如图1-3所示，S代表源节点，D代表目标节点。当前未能连接或者不在同一个社区中的节点，可以通过节点的移动和社区的演化来实现数据的延时传输，对每次通信机会的充分利用是实现机会通信的关键。

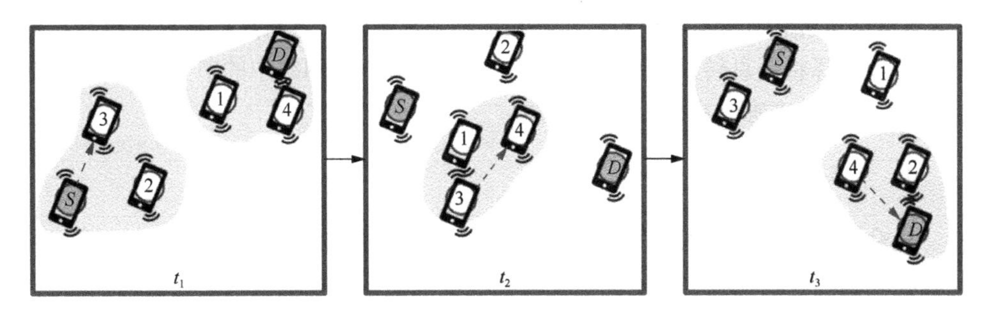

图1-3　机会网络消息传输示意图

和一般的网络形态不同，机会网络采用延迟转发的方法应对网络节点连通性弱的困境，具备自发现（self-discovering）、自动配置（self-configuring）、自组织（self-organizing）、自愈（self-healing）等优良的网络特征[10]，下文对其总结介绍。

1）自动组网

在机会网络中不存在主导节点，所有节点都具有同等的地位，也不需要人工进行调整或预先建立固定设备。每个节点均可以通过算法和分层网络协议来协调其行为。由于网络中没有主导节点，因此任意节点都可以在不影响整个网络运行的情况下随时退出网络。此外，网络可以根据特定的时间和位置由节点进行自组织创建以实现移动节点间的数据交换。由于网络存在自主分布、节点及数据冗余和无单点故障等特征，因此机会网络具有良好的稳定性，并且机会网络通过无线自组织形成的网络拓扑结构往往处于不停的动态变化中。

2）间接连通性及多跳路由

在机会网络中，常常会出现节点运动导致节点间距离大于通信距离或者节点由于能量不足而休眠等情况，节点间的链路会频繁中断。对于移动设备节点，由于其功率有限，信号强度在无线传播中会受到削减，因此每个节点的传输范围有限。当节点需要将数据传输到通信距离之外的目标节点时，必须依靠其通信距离内的其他节点进行转发，才能将该节点的数据传输至目标节点。该转发过程可能要靠多个节点的协作，这就是多跳路由。

3）排队延迟

在传统的因特网网络结构中，排队延迟通常会超过传播延迟，如果下一跳节点不能立刻到达，该数据包将被丢弃。然而在机会网络中，节点之间的链路断开很常见，排队延迟可以很大，特殊情况下可能超过几个小时，甚至几天。这表明中继节点能对消息进行保存，并且消息能够在中继节点中存储较长时间，存在下一跳节点被撤销的情况。原因在于如果节点在发送消息之前找到更好的路径，则节点可以选择将消息转发到更优中继节点。因此，机会网络中的节点应使用存储-携带-转发模式来确定更好的转发机会。

4）节点异构和无线传输

机会网络中的节点可以是具有蓝牙或 Wi-Fi 功能的各类无线设备，也可以是具有无线通信功能的便携式计算机。机会网络中的每个终端节点都应具有灵活性、便携性的特点。但是，很难避免移动设备的缺点。例如，移动节点的能量存储和工作时长有限；移动设备的物理存储空间相对较小；移动节点的中央处理器（CPU）处理能力普遍较低。随着半导体技术的快速发展，便携式设备的上述限制已得到较大改善。

无线信道是机会网络进行消息传输的主要传输介质，由于传输功率限制和其他因素，机会网络中一个节点只能将数据发送到下一个中继节点，由多个中继节点共同组建网络结构。在消息转发过程中，网络节点之间的传输通道是单向的。例如，如果节点 A 想要向节点 B 发送数据包，节点 B 可以正确接收该数据包，但同时，当节点 B 向节点 A 发送数据包时，节点 A 无法接收该数据包，即节点 A 和节点 B 在同一时刻只能进行单向传输。

机会网络使用无线传输作为基础通信方法。由于微波等无线介质的通信距离受限，通信距离较长时，信号强度减弱，容易受到外部环境的干扰。

1.1.4 机会网络应用前景

在某些特殊环境中，无法建立端到端可靠且路径完全连接的传统通信网络。由于机会网络可以满足上述条件，并且不需要完全连接便可以进行通信，因此机会网络可以应用于以下情景中。

1）野生动物研究

机会网络较早时期的典型应用是在大范围没有信号的情况下对野生动物的行踪进行研究，ZebraNet[11]是其中一个较为知名的网络系统，该系统对斑马的移动和迁徙进行监控和分析，通过给马匹安装有监控与定位功能的项圈，形成机会网络中的节点。ZebraNet 是一种由闪存、全球定位设备、低功耗无线传感器设备和计算设备组成的微型无线计算网络。ZebraNet 的节点结构如图 1-4 所示。

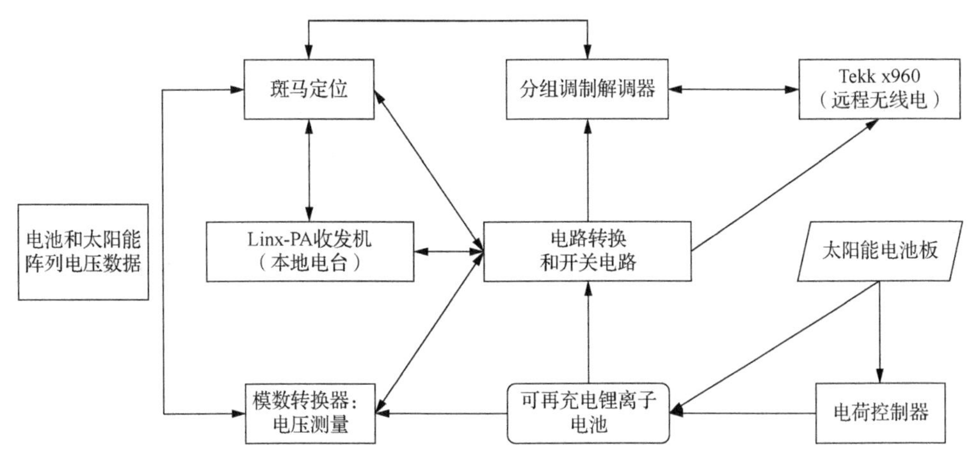

图 1-4　ZebraNet 的节点结构

2）便携设备组网

随着智能手机、笔记本电脑等便携设备的普及，便携设备的自组网络作为一种新的网络通信模式也随之出现，其中对便携设备组网有较大影响力的是剑桥大学等的 Haggle 项目[12]，其在研究中提出并发展了口袋交换网络（pocket switched network，PSN）。该项目中，iMote 被用作 PSN，主要由 Hui 和 Chaintreau 领导研究。PSN 用于研究机会网络中节点移动和信息传递的特点，旨在通过充分利用如计算、存储、带宽等便携设备的资源，为用户提供方便快捷的网络信息服务。

如果发生严重的自然灾害或紧急情况，如海啸、地震、飓风等，由于这些灾害会对通信基础设施和电力系统造成较大破坏，因此传统的通信网络有可能无法继续依赖其固有设施继续工作。目前，为灾区群众配备无线移动设备，使民众成为网络通信的移动节点，是一种重要的组网方式，因此机会网络在灾害环境中具有重要应用。

3）车载自组织网络

随着装配无线通信工具的车辆数量增加，相邻的车辆在行驶过程中可以进行短距离无线通信，车辆的移动和非均匀密度的运动模式形成了具有新型通信特征的车载网络。该网络在道路车辆控制、交通安全检测、道路情况侦测等方面有广泛的应用前景。

车载自组织网络是一种由路上车辆携带的传感器自发组建的无线网络。随着车载通信设备的发展，也可以广泛应用于道路安全预警、行驶路线规划等方面，对人们的日常生活产生了积极影响。此外，随着车辆数量不断增加，车载自组织网络也必将对城市通信基础设施的建设与发展产生长远影响。

CarTel 项目[13]是车载自组织网络的典型案例，属于基于车辆传感器开发的移动计算系统，可用于收集、运算和存储车辆交通数据。该项目主要应用在环境信息收集、道路检测、车辆行驶信息采集等方面。CarTel 项目中的节点系统是一种移动嵌入式计算机系统，主要用于对收集的数据进行处理和转发，并通过 Wi-Fi、蓝牙等方式与其他节点或互联网进行通信。其主要通信方式是当车辆相遇时，节点对之间相互交换信息及使用路边无线接入点将信息发送到服务器。

4）偏远地区通信网络搭建

在地形环境较为复杂的偏远地区，由于基础设施部署稀疏，网络可靠性受到影响，而机会网络可以提供非即时但有效且成本较低的网络通信方式。DakNet 项目[14]是由麻省理工学院创建的一种自组网结构，其目的是为偏远村庄提供无线宽带基础设施。目前该网络已成功地部署在印度和柬埔寨的一些贫困偏远地区。另一种萨米网络连接（Saami network connectivity，SNC）项目是为偏远地区居民搭建的机会网络项目，该网络为居住在瑞典偏远地区拉普兰的萨米驯鹿牧民提供通信服务，该地区主要位于国家公园和其他自然保护区内，基础通信条件较差。SNC 项目服务的地区占地约 18000km^2，有 6000 名牧民。在游牧季节，一些萨米族牧民会在 10 天内沿着驯鹿迁徙路线进行迁移，通常活动的区域面积为 150～200km^2。

5）军事应用

机会网络具有快速布置、不易监测、自我组织、自我管理等特性，可用于军事对敌监控、实时监视、特定目标定位、快速救援等方面。近些年，一些国家的军队对传感器网络的研究表现出强烈的兴趣。美国军方提出的作战计划旨在利用机会网络开展合作行动，并通过传感器从多个角度跟踪和探测目标，以提高数据准确性和命中率[15]。

6）环境监测

在特定环境场合，对传感器网络进行适当的部署后，传感器组成的机会网络也可用于监测和预防地质灾害、飓风等。例如，通过传感器组网形成的报警系统ALERT可以对降水情况、土壤水分含量等进行分析，并有效预测泥石流发生概率。在农业种植方面，传感器网络可用于监测土壤和空气质量，也可以用于作物灌溉检测；在畜牧养殖业方面，传感器网络可用于监测动物的健康状况等。

7）智能家居

家居传感器可以及时将其所得到的数据发送给智能家居网关，以便使用空调、空气净化设备、除尘设备等对空气进行实时处理，保持最佳居住环境。通过将电器上的传感器连接到互联网，可以实现对家用电器的远程操控，如远程关闭空调等电器或开关门，从而能够防盗、防火等。

许多专家学者聚集于机会网络的各个应用领域，对于机会网络的各项研究也愈加深入，涌现出大量关于机会网络在实际应用方面的研究成果，机会网络中的路由算法、缓存机制等研究也日渐完善。文献[16]和[17]分别阐述了机会网络应用的重要进展和如何从机会网络发展到机会计算的方法。文献提出，机会网络将逐渐演变为主流的移动传感器网络应用形式，并通过对机会网络研究的重要成果进行总结，阐述了机会计算的主要概念和挑战，以及其作为一个关键的网络方案促进下一代互联网发展。文献[18]对机会计算的可行性及发展前景进行了分析。此外，学者还研究了一些特定的应用，如基于Android的云计算平台[19]，机会网络中的信息发布和排序算法[20]，以及文件共享系统[21,22]等。

1.2 国内外研究现状

近年来，MANET、DTN、机会网络、机会计算等相关研究不断涌现，主要研究包括机会网络节点移动建模、机会路由方法[23]、数据分发和调度、能耗管理、缓存管理、节点的自私性和激励策略、加密安全以及与社会网络的结合应用等[24,25]。

本书中关于机会网络的研究内容主要针对节点与通信行为建模、机会网络传输能力评测、机会网络分块方法与路由调度策略等。机会网络路由中存在节点连接和消息发送等问题。当机会网络节点在移动时相互进入多个节点通信范围时，就会面临一些决策问题。首先，特定节点可能同时有多个可供选择的通信节点，需要确定与哪个节点建立通信连接[26]。确定了通信节点之后，还需要决定是否向其发送消息。此外，与路由问题密切相关的是数据传输中的调度问题，即当存在多个可用消息需要发送时，需要确定先发送哪个消息或按照何种优先级进行发送[27]。

特别是当机会网络中需要传输大量数据，如视频文件时，一次通信往往无法完成整个文件的传输[28]。这会导致传输大文件时产生较大的延迟，并可能由于连接超时或中断而失败[29]，即使传输成功，也需要较长时间。为了解决这个问题，通常采用将消息分块后再进行传输的方法[30]，即将大文件在源节点划分成多个大小相同的分块消息，每个分块消息被当作一个独立的消息进行传输，目标节点在收到所有分块消息后将其合并为完整的数据。针对主要研究内容，本章从网络传输能力、机会路由和视频调度三个方面做了文献调研。

1.2.1 网络传输能力研究

机会网络中节点移动、网络形态多变，使得节点间的连接状况不稳定，进而整个网络传输数据的能力也有所区别。

文献[31]认为，分块的大小须与网络实际形态相符，需要根据网络中节点相遇时长和节点间的传输带宽来决定合适的分块大小，以最大限度地利用有限网络通信资源。此外，还要考虑包含分块的众多消息在机会网络中被转发、传播时消息的调度问题，良好的调度方案能有效提高网络节点中消息的异质性，增加节点相遇时消息转发的可用机会，降低同质节点对通信机会的浪费，缩短消息的全局递交延时。

文献[32]在机会社会网络通信研究中，提出了一种基于历史相遇记录评估节点消息分发能力的方法，构建了消息随时间推移效用递减的节点传播能力分析模型。该模型考虑了消息所有可能经历的空间和时间通路，并沿时间方向向下加权以描述消息时效性递减效应，可用于有效计算和预测节点的消息转发能力。该模型符合社会网络中节点社会关系的时间衰减规律，但在社会关系建立模型上可再细化。

1.2.2 机会路由研究

文献[33]分析了移动自组织网络面临的拓扑变化和多跳路由的传输挑战，提出了按需组播路由协议。这是一种基于网格的多播方案，区别于传统的基于树的多播方案，使用了转发组的概念，只有一部分节点通过泛洪方式转发组播数据包。按需组播路由协议非常适合带宽有限、拓扑变化频繁、功率受限的带有移动主机的移动自组织网络。

文献[34]针对 MANET 中使用机会路由协议时，贪婪转发策略会引起没有后续转发节点的情况，提出了一种新的应用于移动 Ad Hoc 网络的机会路由转发策略。主要思想是在报文每跳传输之后进行下一跳转发节点选取时，不仅考虑各个候选节点本身与目的节点的距离，还考虑经过此候选节点的转发，当前数据报文能否成功到达目的节点。仿真结果表明，相比于采用贪婪转发策略的机会路由协议，考虑后续路径的转发策略能够有效地减小无后续路径转发节点的现象，提高数据传送成功率和网络吞吐率，具有较高的可靠性。

文献[35]在车联网应用方向上，提出机会车辆通信模型，就节点间通信中的覆盖问题展开研究，提出通过确定通信范围内车辆的最小数目的方法来保证通信区域内的传输质量，并提出车辆移动轨迹研判的方法，评估多个移动模型特征，确定规律性周期中的覆盖率。其中，车辆移动轨迹研判对于预测节点相遇、实现数据路由转发有重要作用，但未能有效融入车辆社会关系对数据转发的积极作用。

1.2.3 视频调度研究

文献[36]针对一般的数据分块传输，提出了一种基于流行度的一般消息调度方法，通过局部统计消息的分发副本数，为消息建立流行度序列，当有节点相遇时，优先发送流行度低的消息来增加异质性，提高递交效率。但该方法未能与压缩视频的特殊要求相结合，在视频的分块传输中存在较大局限。

文献[37]在分块传输方法的框架中，数据分块按照顺序方式和随机方式调度，实现了离线视频传输的方法，适用于网络拓扑结构变化缓慢或者节点连接持续时间较长的情形，阐述了节点中消息调度对机会网络整体性能的影响分析，提出了节点的同质性和异质性的概念，通过对影响异质性因素的分析，设计了高效的消息分发机制。经验证，该方法在网络拓扑结构变换较为频繁的情形下难以获得较好的传输和播放体验。

文献[38]研究了无线网络中基于机会网络编码的实时视频传输性能，并比较、分析了传输后的图像重构质量。该方式适用于网络节点分布密集、网络通信能力较强的情形，但在节点稀疏、中断频繁的恶劣通信环境下效果有限。

文献[39]设计了基于网络环境动态变化感知的资源分享和协作获取机制。其网络通信环境动态感知方法为视频数据流动中的节点递交参数调节提供了依据，但在研究视频内在特征与通信质量关系方面仍有改善空间。

文献[40]针对视频流媒体在移动自组织网络中传输的问题，提出了一种在压缩视频流中为图片组的不同帧按照其类型定义不同优先级的视频传输方法，降低了数据包在传输过程中的丢包率，提高了视频流质量。在全局递交率较高的情况下，能获得较好视频质量。但如果以帧为最小单位组建分块，容易发生关键帧缺失导致图片组（group of pictures，GOP）无法解码或者不完全解码的情况。尤其在恶劣网络通信环境下，对于视频分块接收不足的节点，难以有效实现视频内容预览。

综上所述，目前国内外对机会网络多媒体数据的传输研究已经取得了一些重要进展，但仍存在机会传输与视频特征不契合、节点效用计算迟滞等重要问题。这些问题就是本书的重点介绍内容。

1.3　校园协作学习交互建模

校园协作学习通过构建学习者社区实现学习者之间的交互。该学习者社区将学习者组建成具有共同使命以实现共同学习目标的团队[41]。其协作式、个性化、学习共同体等教学形式确立了学生的中心地位，主观能动性和学习效率有望得到充分提高，也可培养思考、发现、研究等综合能力。协作学习可以有效应对个人无法单独完成的学习任务，并在学习者社区内部或之间的持续对话中促进学习活动的持续发展[42]。

教育改革一直强调要让学生成为知识学习的主体，在协作学习情境中也得到体现[43]。Dillenbourg[44]将协作学习定义为两个或更多人一起学习或尝试一起学习的情况。在现有的学习方法中，协作学习可以被认为是一种通过同伴互动解决一些学习困难或任务困难的学习方法，并具有较好的效果[45]。

随着时代的进步与国家对教育教学事业发展新要求的提出，传统的教学和学习模式已经不能完全满足人才培养的需求，普适性、个性化的学习应运而生。普适性学习的概念源于普适性计算的出现。Weiser[46]提出，普适性计算是一种随处可用、随处可见的计算技术。信息技术的飞速发展加快了普适性计算的发展速度，其领域也逐渐扩大，还包括了协作学习，随后计算机支持的协作学习也被广泛应用。

Koschmann 分析了计算机在教学中的应用，他认为计算机支持的协作学习旨在为学生提供指导性的讨论，以支持学习并共同建立共享知识[47]。现阶段，教学工具和教学方法不断更新，这些新型的工具与方法支持着教学工作的快速发展，为教学质量的提高和多样化学习方式提供了重要支撑[48]。

传统协作学习的定义是学生通过在相同的空间和时间进行面对面交流和讨论来获得更多的知识和技能。在对协作学习做出具体定义时，各研究文献不尽相同。黄荣怀[49]认为，协作学习是组织学生参与小组活动，组内各成员为了实现共同学习目标，通过一定的激励机制，最大化个人、他人的学习成果，在所有相关活动中相互合作来完成的学习方式。物联网、移动计算等信息技术的发展使传统协作学习理论体系产生了重要的演化。

计算机支持的协作学习（computer supported collaborative learning，CSCL）是指在计算机技术辅助下进行协作学习。CSCL 是在信息技术支持下完成学习互动，实现协同知识构建的学习方法，它弥补了传统协作学习的缺点与不足。计算机技术支持的协作学习不仅扩展了学生学习的空间和位置，而且延长了学习者同步与异步交流的时间段。CSCL 突出了信息技术手段对协作学习的支持作用，目前的在线学习平台、社区、论坛都是其表现形式。然而，校园环境下融合学习者地理位置变化的协作学习又有其特殊的交互方式和须要解决的新问题。

由于校园内学习者的移动轨迹、驻留时长、节点间的通信时长、交互频次、传输数据量等特征参数是支持协作学习交互决策的重要因素，因此可采用对上述特征参数进行详细统计的移动社会网络（mobile social network，MSN）[50]技术对CSCL进行分析与运用。MSN是特殊的机会网络，其节点被确定为具有社交互动、蕴含社会关系的节点。网络中，源节点和目的节点之间没有完整的路径，通过节点的移动和节点之间的社会关系来实现通信[51]。该网络形态为进一步深化区域内的协作学习交互研究提供了新动力，为创新CSCL中的校园协作学习交互理论提供了新途径。

校园环境与传统的容迟网络应用环境相比，人口更为密集，个体之间社会关系也更为密切，在客观上也更容易达到六度分隔假说所描述的通信结果，这也促进了信息的有效传输。各个节点之间对于交互信息的非迫切性需要也符合移动社会网络容迟属性的内在要求。

本书基于协作学习背景下校园的社交规律和交互特征，以及学生在学校的移动规律对校园多级互联社区进行建模。大学校园可以看作是一种简单的群体性生活场景，以班级为基本的群体性单元，班级中的所有学生在同一时段一起上课，其中将每个学生划分到不同的协作学习小组中，小组成员之间相互讨论问题或者分享自己的学习成果。据此在进行学习社区建模时对小组社区进行定义，而别的社区则是基于接触的频率与时长进行自动创建和更新。

1.3.1　标签库建模

通过定义小组id对协作学习小组社区进行初始化，并对每个节点设立自身信息表（表1-1）、协作小组信息（group message，GM）表（表1-2）、关联小组（group related，GR）表（表1-3）、一般小组（normal group，GN）表（表1-4）、消息表（message table，MT)（表1-5）。据此建立协作学习小组社区模型、班级社区模型、群体模型等多级互联模型。

表 1-1　节点自身信息表

符号	含义
id(n)	节点标识符
id(G)	小组标识符
Qf	回答问题次数
Ct	总通信次数
Cq	总通信质量
Re	声望值
Is	兴趣集

表 1-2　协作小组信息表

符号	含义
Gn	序号
ni	节点标识符
Cgt	通信次数
Re	声望值
Pri	优先级
Ig	小组兴趣集

表 1-3　关联小组表

符号	含义
Rn	序号
Gi	小组标识符
nv	所包含节点矢量
Crt	通信次数（每次更新后置零）
Acf	小组累加通信次数（每次取最大值，通信次数并入后将通信次数置零）
Tl	班级标记
Tm	群体标记
GRe	小组声望值
Pri	优先级
Ig	小组兴趣集

表 1-4　一般小组表

符号	含义
Sn	序号
ID	小组标识符
Nv	节点矢量
f	与该小组通信次数
V_{acf}（acf,time,T_{ave}）	与该小组累计通信矢量 （acf 为累计通信次数）
lmt	距小组上次相遇时间
al	小组间相遇间隔平均时长
emt	小组预计下次相遇时间
T_v	历史接触时长矢量
T_{ave}	平均接触时长
Cud	预估值累计偏差 （初始值设置为 0）
Pri	优先级
Ig	小组兴趣集

表 1-5　消息表

符号	含义
M_i	消息编号
M_{tp}	消息类型
Tg	目的小组
T_{id}	目的节点
Pri	优先级
M_{ccpy}	可拷贝数
TTL	消息生存期
S_{id}	源小组 id
Hop	跳数
Cur	分块数与本地可用向量

1.3.2　节点信息表更新算法

协作学习模型可以准确度量任意两个协作小组之间的历史接触情况和关系的紧密程度，下面对任意节点信息表的更新算法做出表述。

节点相遇时，节点信息表更新过程描述如下：

（1）首先判断小组 id 是否相同，如果小组 id 相同，则将传输优先级设定为 4，并根据对方节点信息对协作小组信息表、关联小组表、一般小组表进行更新。

（2）如果小组 id 不同，则判断小组 id 是否处于对方的关联小组表中。如果双方的小组 id 都处于对方的关联小组表中（$i \in G_j \wedge j \in G_i$），则将其班级标记和群体标记均设定为 1，传输优先级设定为 3。如果仅有一方处于对方的关联小组表中$((i \in G_j \wedge j \notin G_i) \vee (i \notin G_j \wedge j \in G_i))$，判断其小组累计通信次数，如果小组累计通信次数大于小组各个节点之间通信次数的平均值，则将其班级标记和群体标记都设定为 1，传输优先级设定为 3；如果小组累计通信次数小于小组各个节点之间通信次数的平均值，则将其班级标记设定为 0，群体标记设定为 1，传输优先级设定为 2（a 小组与 b 小组的通信次数一般等同于 b 小组与 a 小组的通信次数）。

（3）如果小组 id 不同且均不处于对方的关联小组表中（$i \notin G_j \wedge j \notin G_i$），则判断对方的小组 id 是否在一般小组表中。如果不在，则将该小组 id 添加至一般小组表，并将该节点 id 添加至小组 id 所包含的节点矢量中，然后对通信次数、通信时长等进行更新。如果对方的小组 id 在一般小组表中，则继续判断对方的节点 id 是否处于所包含节点矢量中，如果在则仅对该小组 id 的通信次数、通信时长等更新，否则将该节点 id 添加至该小组 id 所包含的节点矢量，然后对通信次数、通信时长等更新，将对方优先级设定为 1 级并对一般小组表进行更新。

对一般小组表的更新方法如下：当小组内两个节点相遇时，节点分别将一般小组节点的通信次数f并入累计通信矢量V_{acf}（acf, time, T_{ave}），其中acf为累计通信次数，time为每次相遇的时刻值（$t_1,t_2,\cdots,t_{acf}$），T_{ave}为平均接触时长。然后将f置零，分别利用对方的累计通信矢量V_{acf}（acf, time, T_{ave}）对自身的数据进行更新。

节点自身信息表更新设计具体详见算法1-1。

算法1-1 节点自身信息表更新

```
1:    If(Gi==Gj){
2:          If(j∩GMi==null)  add j in GMi , prij=4
3:          Modify j in GMi
4:          Update GRi from GRj
5:          Update GNi from GNj
6:     }Else If(Gj∈GRi){
7:          If(j∩GRi==null)  add j in GRi_Gj_Nv
8:          If(i∈GRj||priGj≥Σ_{k=1}^{q} acf_k/q)  priGj=3, Tl=1
9:            Else  priGj=2, Tl=0
10:         Tm=1
11:         Modify j in GRi
12:    }Else If(Gj∈GNi){
13:         If(j∩GNi==null)   add j in GNi_Gj_Nv
14:         If(priGj≥Σ_{k=1}^{q} acf_k/q)
15:             Remove Gj in GNi and Add in GRi
16:         Modify j in GNi
17:    }Else {
18:              Add Gj in GNi , priGj=1
19:              Update GNi from Gj
20:         }
21:
22:   Update GRi from GRj {
23:         Gii=Gii∪Gij
24:         Nvi=Nvi∪Nvj
25:         acfi=(acfi>acfj?acfi:acfj)+Crti+Crtj
26:         Crti=0
27:         Igi=Igi∪Igi
28:     }
29:
30:   Update GNi from GNj{
31:         Gii=Gii∪Gij
```

```
32:         Nvi=Nvi∪Nvj
33:         Update f & lmt
34:         Update al
35:         Update emt
36:         Update Tave
37:         Update cud
38:         acfi=(acfi>acfj?acfi:acfj)+fi+fj
39:         fi=0
40:     }
```

1.4　本书主要内容

本书对机会网络及其相关的网络形态进行了总体论述，广泛调研分析了主流网络形态中实现移动节点网络结构搭建的基本方法和网络中消息传输的基本形式。针对校园环境下的协作学习概念、理论和应用进行了调研分析，论述了机会网络技术对计算机支持的协作学习的重要支撑作用。本书后续内容将围绕机会网络中的多媒体信息通信方法和移动社会网络支持的校园协作学习展开论述。各章节内容如下。

第 1 章介绍了机会网络的起源与发展，通过深入分析国内外有关机会网络视频等数据传输的最新研究进展，确定了该方向研究中拟解决的关键问题，并对机会网络在校园协作学习情境下的应用进行了分析。

第 2 章针对多媒体数据的机会传输，分析机会网络的移动模型建立方法、机会路由设计方法、消息调度方法等。

第 3 章运用概率分析方法，在运动节点的基本移动模型基础上建立网络节点通信时长与通信次数的可计算模型，并基于基本通信参数提出最优化的数据分块大小计算方法。

第 4 章根据视频传输中的不同应用需求，提出一种满足视频分块均匀接收的消息调度算法。

第 5 章对校园社区节点影响力影响因素进行分析，论述根据节点在协作学习中与其他节点交互所产生的行为参数计算该节点的学习 Lead 指数的方法。

第 6 章根据校园社区节点影响力因素，提出 MSN 环境下，寻找校园协作学习 TOP-K 节点发现算法。通过分析消息递交率和回复准确性，得到各算法的优劣性比较结果。

第 7 章对支持协作学习交互决策因素进行分析，结合弱连接及协作小组的特性对传输机制进行建模，并分析节点选择对于消息扩散的重要性，创建相遇时间预估和节点中心度模型，最后通过实验对该算法的有效性进行验证。

第 8 章对机会网络冷启动机制进行阐述，根据节点之间的接触关系建立初始社区及初始化矩阵，依据节点初始社区的建立情况，对冷启动阶段进行划分，结合节点的活跃性给出节点在冷启动阶段的传输策略。

第 9 章针对校园协作学习环境下学习社区资源推荐机制，提出通过节点的活跃度和节点的亲密度实现节点对推荐能力的计算，并通过实验验证该方法的有效性。

第 10 章对本书整体内容进行总结，阐明本研究的不足之处与未来可继续研究的方向。

第 2 章　机会传输关键问题分析

机会网络不需要传统网络所具有的基础设施，通过移动节点之间的直连建立通信。随着时间推移，机会网络的拓扑结构动态变化特征显著[52]，一方面，提供了更多的通信机会；另一方面，节点间实现消息的多跳路由面临着挑战[53]。

2.1　网络组织特征

机会网络的组网具有更大的便利性，能够在需要的时候，由任意处于特定场景中的节点建立网络拓扑结构，对于基础设施没有依赖性[54]，特别适用于应急通信或者灾难救援、偏远地区通信等应用场景[55,56]。

机会网络中节点的移动具有随机性，人员或者车辆、飞行器等器材搭载着移动设备保持运动或者相对运动状态使得网络的连接状态难以预测[57]。拓扑结构的动态变化需要更智能的路由算法综合通信场景中的关键要素，实现节点间的消息传输[58]。

另外，相对于有线网络，机会网络的通信能力有限，数据产生、传输和计算处理都需要耗费能量[59]，移动节点有限的存储和计算能力使得网络通信环境不佳[60]。再加上网络中一般不需要中心节点，节点的地位对等，部分节点由于分布稀疏、射频关闭等原因而消亡，有效传输面临挑战[61]。

2.2　机会网络的移动模型

按照网络中节点移动的规律特征，构建机会网络的移动模型也是机会网络研究的重要方向，已经有随机游走模型等经典模型和不断被设计出来更适应特殊应用背景的移动模型[62]。当机会网络节点的载体为人时，节点的移动体现的是人的社会性活动特征，机会网络的移动模型可以按照人的运动特征来构建，当人在特定区域活动时，可能是沿着路径移动或者在某个区域内自由活动[63]。但无论如何都体现出了节点移动的时变性。

良好的移动模型设计对于路由算法设计性能的测试与实验有重要的作用，通过记录节点移动的日志，可以建立 Trace 数据集来测试算法性能[64]。例如，在某个会议中，由参会者携带通信节点设备，可以记录节点移动轨迹和节点与其他节点建立通信与断开通信的时间点，保留会场中各个节点的通信细节信息，这样生成的 Trace 数据集可在后续实验中，通过加载其他类型的数据或者消息来测试路由或者调度算法的性能。

按照上述两种方法建立的移动模型分别称为合成移动模型和基于实际数据统计的移动模型。合成移动模型包括常见的随机方向模型、随机路径点模型、随机游走模型等。

随机方向模型突出了节点的方向特性，当方向以随机的方式确定之后，节点会沿着这个方向一直移动，直至碰触到场地的边界，然后停留一个随机时间后，再产生一个随机的新方向，继续开始移动[65]。随机方向模型的节点轨迹示意如图 2-1 所示。

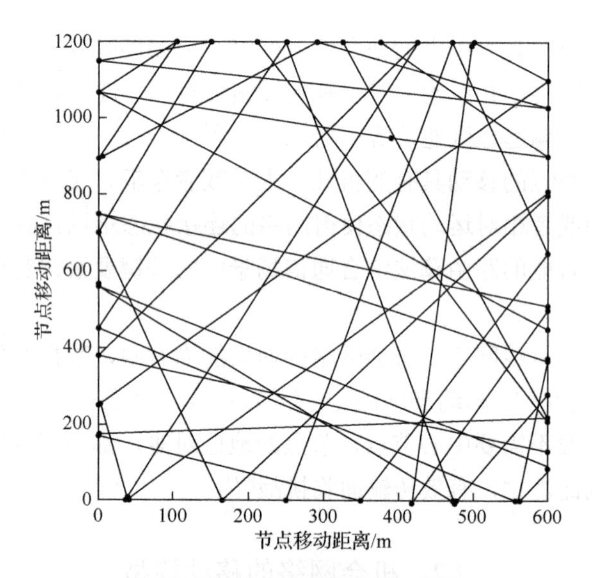

图 2-1　随机方向模型的节点轨迹

在随机路径点模型中，允许节点在移动中出现停滞的情况，节点间歇性地开启移动并产生位移，这样可以较好地模拟人员在特定区域的移动特征[66]。随机路径点模型的节点轨迹如图 2-2 所示。

随机游走模型中，节点按照布朗运动的特征在特定场景中移动，节点移动的方向随机，按照该方向移动的时间也不确定，到达时间后，再改变方向继续移动，当移动到边界之后，边界与节点的接触，可使节点方向发生变化[67]。随机游走模型的节点轨迹如图 2-3 所示。

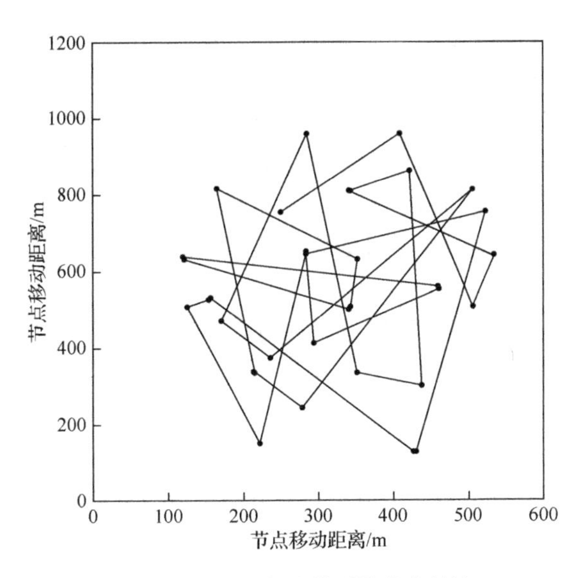

图 2-2　随机路径点模型的节点轨迹

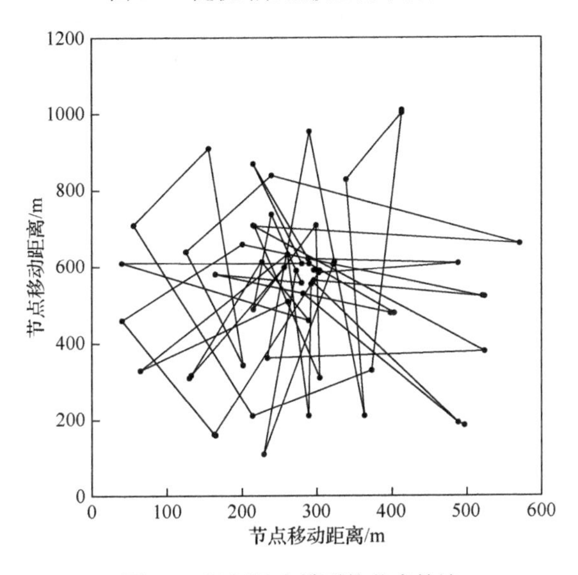

图 2-3　随机游走模型的节点轨迹

2.3　常见机会路由算法

由于机会网络的通信环境恶劣、节点性能限制等特殊因素，机会网络的路由算法在设计方面尤其要具备智能特征，目前常见的算法有单副本路由和多副本路由等不同类型。

例如，经典的直接传递（direct delivery，DD）路由算法，源节点产生消息后，一直携带消息，当源节点在移动过程中遇到目标节点，并与目标节点建立通信，才将消息转发给目标节点[68]。首次接触（first contact，FC）路由算法是让源节点将消息直接转发给与其接触的第一个节点，然后由该节点将消息传输给目标节点[69,70]。

寻找聚焦（seek and focus，SAF）路由算法按照节点转发概率来计算各个节点转发消息到目标节点的效用，并设定阈值来决策当前是否将消息转发给已经建立连接的节点[71]。

传染病（epidemic）路由算法是一种消息传递效率最高的路由算法，有时也被称为洪泛路由算法。节点相遇时，相互传输对方没有的消息，使得消息副本数在网络中存量最大，也使得消息的递交成功率最高。但是该算法耗费了全局节点的能量，会产生极大的消息冗余，使全场节点的能量耗费达到最高[72]。

喷洒等待（spray and wait，SAW）路由算法将消息的转发过程分为两段，首先由源节点产生消息的若干副本；然后当节点遇到其他节点时，转发对方节点没有的一部分消息，自己留存一部分消息，已经转发出去若干数量的，则在本地删除，直到自身节点保留一个副本。该算法既没有大规模的消息数量，也不会产生大量的网络能耗，有较好的递交效果[73]。SAW 路由算法如图 2-4 所示。

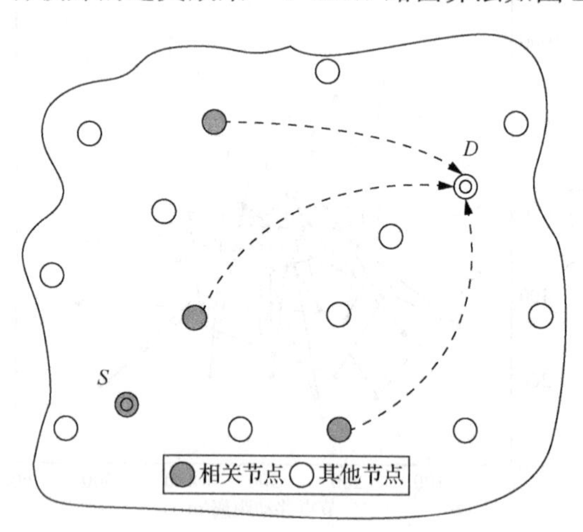

图 2-4　SAW 路由算法

基于概率的预言家（prophet）路由算法，依照节点前期接触的历史来决定当前节点成功传输消息到目标节点的可能性，再做出路由决策。

MaxProp 路由算法和 MobySpace 路由协议等都建立了节点转发成功的概率模型，通过概率计算实现路由决策。

2.4　消息调度方法

当前节点选择给哪个节点发送消息是路由问题，而给路由对象节点传输哪个消息则是消息调度问题。实现消息调度的六要素如表 2-1 所示。

表 2-1　调度六要素

被调度对象	转发的数据
调度者	源节点和中间节点
被调度者	数据
调度目标	为满足特定的网络需求而设计数据优先转发序列
调度规则	调度策略，也称为调度算法
调度代价	计算算法复杂度和缓存区资源占用情况
调度结果	经过调度规则控制后，目的节点收到的实际数据

消息调度算法被纳入到路由算法的体系中，目前常见的消息调度算法有随机调度（random scheduling，RAN）算法、顺序调度（sequential scheduling，SEQ）算法和基于流行度调度（popularity based scheduling，POP）算法等自定义的消息调度算法等。

随机调度算法是指当节点相遇时，随机选择一个自身节点有，而对方节点没有的消息，发送过去。如图 2-5 所示，需要分析两个节点的消息是否存在向量，确定哪些消息是自身节点有，而对方节点没有的，再做选择。

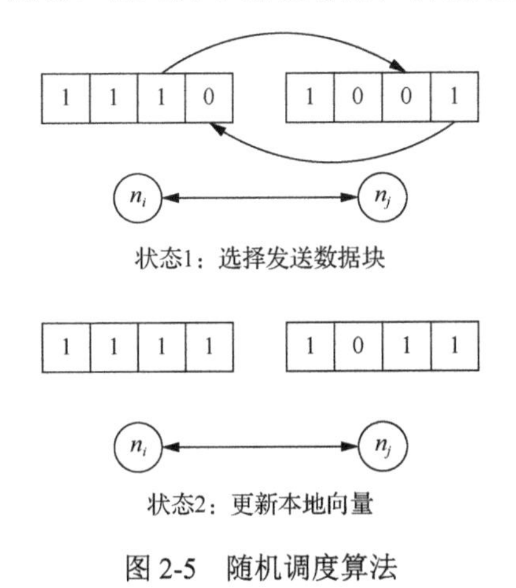

图 2-5　随机调度算法

随机调度算法设计具体详见算法 2-1。

算法 2-1　随机调度算法

```
1:    while contact_with(nj) do
2:          receive_from(nj,aj)
3:          if(aj∧(¬ai))≠0 and (initiate_connexion_with(nj)) then
4:          Csi-j←radom_selection_from(ai∧(¬aj))
5:          send_to(nj,Csi-j)
6:    end if
7:          if(aj∧(¬ai)≠0) and (connexion_ initiated_by(nj)) then
8:          receive_from(nj,Csj-i)
9:          ij-i←{i0,…,ik-1};ik-0,when(k<K)(k≠Sj-i) and isj-i=1
10:         ai←ai∨ij-i
11:   end if
12:   end while
```

顺序调度算法指的是将消息按照先后顺序排序，并且约定，任何一个消息被发出，必须是前一个消息已经被完整接收。顺序调度算法示意如图 2-6 所示。

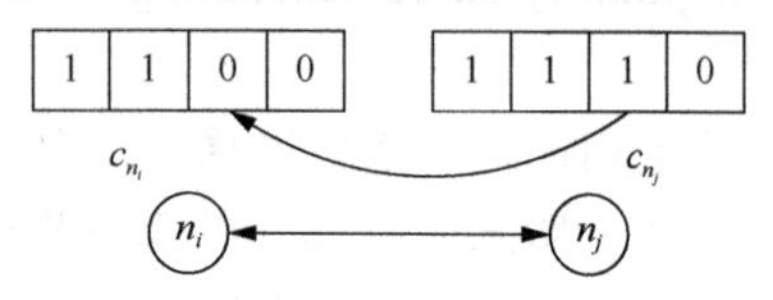

状态1：选择发送数据块

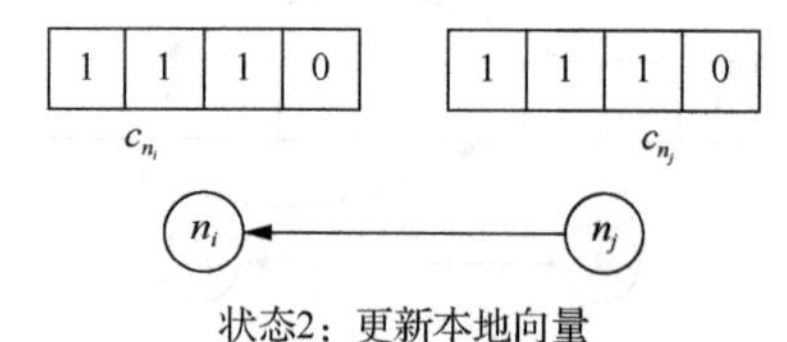

状态2：更新本地向量

图 2-6　顺序调度算法

顺序调度算法设计详见算法 2-2。

算法 2-2　顺序调度算法

```
1:    while contact_with(nj)do
2:          receive_from(nj,m(nj))
3:          If(m(nj)<m(ni)) and (initiate_connexion_with(nj)) then
4:          Csi-j←Cm(nj)+1
5:          send_to(nj,Csi-j)
6:    else
```

```
7:          if(m(nj)>m(ni)) and (connexion_ initiated_by(nj)) then
8:          receive_from(nj,Csj-i)
9:              if(Csi-j=Cm(nj)+1)then
10:               m(nj)←m(ni)+1
11:             else
12:               ignore(Csi-j)
13:             end if
14:         end if
15:    end if
16:    end while
```

基于流行度调度算法是对自身节点保存或者发送过的消息进行统计，哪些消息在局部时间的统计中所占比例较低，则将这些消息优先发送给对方节点，以期通过增加网络中消息的异质性来有效利用每次通信机会。

基于流行度调度算法如图 2-7 所示。

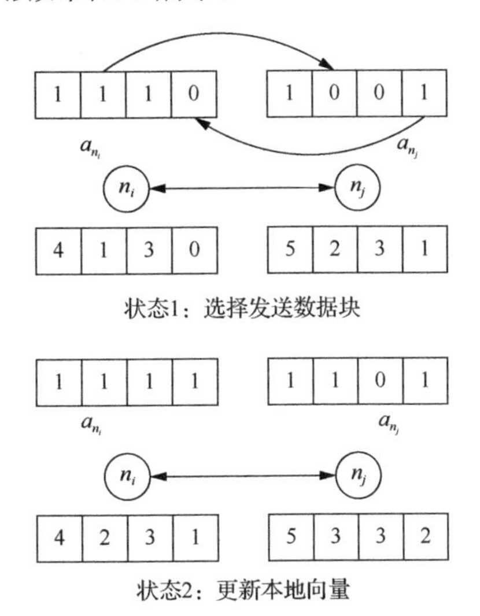

图 2-7　基于流行度调度算法

基于流行度调度算法设计详见算法 2-3。

算法 2-3　基于流行度调度算法

```
1:    while contact_with(nj)do
2:          receive_from(nj,anj)
3:          Pni←Pni+ anj
4:          if(ani∧(¬anj))≠0 and (initiate_connexion_with(nj)) then
5:          Csi-j←prevalence_selection_from((ani∧(¬anj)),Pni)
```

```
6:         send_to(nj,Csi-j)
7:     end if
8:         if(anj∧(¬ani))≠0 and (connexion_ initiated_by(nj)) then
9:             receive_from(nj,CSj-i)
10:              iCj-i←{i0,…,ik-1};ik-0,when(k<K)(k≠Sj-i) and iSj-i=1
11:              ai←ai∨ij-i
12:              m(nj)←m(ni)+1
13:    end if
14:    end while
```

2.5　机会传输的研究趋势与关键问题

目前在网络空间中，各种海量异构的数据资源种类繁多并持续高速增长，以包含图片、音频、视频等多媒体类型的非结构化数据为其代表。机会网络中的多媒体数据传输问题，已逐渐成为影响社交网络低成本、低延时、高吞吐量通信的瓶颈因素。目前社交网络、在线手游、多媒体即时通信等受到广泛关注，数据量激增极大地丰富并满足了用户多样化的交互需求。然而，大规模的数据通过蜂窝网络基站和互联网传播占用了大量的网络资源，5G 网络可以让用户享受高速带宽，但同时也承担着巨大的通信成本。移动社会网络的快速发展，使得终端用户，特别是智能手机用户愿意拍摄或者收集图片和短视频，再上传至网络空间，与社会网络中的其他节点分享。但是，数据量的急剧增长，使得特定时段的网络通信已不堪重负，有必要研究新的方法缓解这种通信压力。同时，区域内 Wi-Fi 访问不畅也是采用机会通信的另一个原因。高速的蜂窝网络虽然通信流畅，但增加了用户通信支付成本。在地震、飓风等自然灾害造成基础通信设施受损或者通信网络拥堵的情况下，机会网络成了最便于即时切换的后备网络连接形态之一。

研究表明，社会网络中的强连接数量有限，大部分节点与其强连接节点通常在一定时间内处于相同的活动区域中，这也构成了数据共享的预期范围。这种情况下，通过节点间的直连分享成为一种选择，然而节点间的传输带宽有限，对于数据量较大的视频信息而言，只能耗费较长的时间在两个或者极少量节点间建立免费的、不消耗蜂窝网络流量的无线直连传输，或者通过移动蜂窝网络和无线局域网（WLAN）传输。前者难以实现多媒体数据内容的大范围分享，后者需要耗费较高代价的网络流量成本或者宽带成本。在机会网络传输体系下，如何实现视频块数据的有效传输成为节点间大规模数据通信的难题。本书研究的机会网络的多媒体数据传输问题有望为节点间免流量、大范围的快速视频分享提供方案。

移动节点频繁的传输中断、较长的等待延时、较小的传输范围和人为干预的连接维护都影响了节点间视频分享的体验。受节点间传输带宽限制，一个多媒体视频文件往往在短暂的机会连接中无法一次完成传输，当通信断开时，之前所传送的数据或者不可用，或者只包含视频开始端部分内容，无法进行全局视频内容梗概预览，而且频繁的不成功传输也会让节点产生大量能量消耗。如何在不影响节点自身活动的前提下，以更自然的方式，克服节点间的频繁中断，使同一区域内的社交网络节点在移动中保持动态连通，实现高效的视频流媒体数据传输是本书的研究核心。

机会网络中，大量多媒体信息不断涌入使得具有丰富内容的多媒体数据信息分享成为各种网络形态下必须面对的新挑战。视频类数据可通过多媒体智能终端在短时间内大量生成，面对无法保证连通性的机会传输模式，在每次机会通信中都完成较大数据量的传输是不现实的。网络拓扑结构的不确定性，使得多媒体数据内容的有效传输受到挑战，若使用常规的机会网络路由、调度方法，简单地将多媒体数据以消息方式展开机会通信，会极大地降低消息的递交率。对多媒体数据进行主动分块，分块数据被中间节点转发之后，由目的节点汇集分块并合并成为原始媒体数据是可行、有效的方法。对于视频数据而言，其数据生成方式区别于图像数据、音频数据和三维模型数据等其他类型的多媒体数据，如不按照视频的时间连续性和编码有效性等视频的内在要求设计相关路由调度方法，则无法完全利用机会网络的稀缺通信资源，难以在目的节点高效地还原视频。

现有的多媒体数据分块传输研究中，根据不同类别多媒体进行区分研究的文献还不多，融合社会关系的视频分块传输相关研究更少，同时融合视频压缩编码实现机会调度的研究未见报道。本书涉及的相关项目在有关视频分块传输基本方法的前期研究中，已经较好地解决了对机会网络整体通信能力的量化评测，研究了最优视频分块大小的划分方法，并结合视频应用需求设计了多种路由或者调度算法。基于已有研究，为更进一步深度发掘利用网络的机会通信资源，实现机会通信环境下的细粒度、高效视频数据传输，做了如下几方面的思考。

1）网络通信能力计算

量化获知的机会网络的基本参数特征，如移动区域面积、节点数量、节点移动规律、节点通信半径、节点连接持续时间和连接间歇时长、节点间通信带宽等，明确了网络基本特征才能以此为基础研究设计适当的视频传输方法。部分网络参数是容易获得的，如移动区域面积、节点数量、节点间通信带宽等，而有的参数并无固定量值，会随时间不断变化，需要分析其长时统计及分布规律来确定，如节点间的通信时长、节点通信频率等。影响节点间的通信时长的因素有多个，如节点通信半径增大、节点移动速率降低会延长节点间的通信时长，但即使二者特征相同，仍无法保证所有节点在相遇时有固定的通信时长，这是因为节点进入另外一个节点的角度还会对通信时长产生影响。因此，有必要通过定义节点随机移动的概率模型来刻画节点的移动规律，进而计算节点通信时长和频率等核心特征。

2）数据块最优大小的确定方法

用户终端产生的视频文件大小不一，在恶劣网络环境中传输有着很大的不确定性。如果视频文件较小，在已知节点平均通信时长和节点间通信带宽条件下，多数情况下能完成有效传输。但视频的大小往往由多个因素决定，如视频的清晰度或者分辨率、视频的录制时长、视频的编码、压缩方式等。当视频文件较大时，有限的通信时长和通信带宽很难保证视频在节点间的一次通信过程中完成传输，节点间的连接随时可能断开。如果在断开连接之前视频数据未能完全传送，很可能导致已传的数据无法使用，使得节点间通信失败，已传数据被节点丢弃。为了解决这个问题，可将视频数据划分成大小相同并且适当的多个数据分块，以分块为单位在产生机会通信的节点间传输，当目的节点经过一定延时收到所有分块之后，可按相应方法合并成完整视频，达成有效传输。分块过大或者过小都难以获得最佳的传输效率，类似于视频等较大数据量的消息在机会网络中传输时，难以在短暂的机会性、间歇性的连接时间内完成数据传输。如何根据网络中当前大多数节点的通信能力、移动特征、传输带宽等信息，确定出符合网络传输能力的最优数据分块大小是本研究要解决的重要基础问题。

3）视频数据传输的应用要求

视频数据被划分为数据分块后，可将分块采用一般传输方法实现传输，但仍不能在适当的条件下发挥视频流媒体边传输边播放的巨大应用优势。具体地，在节点较为密集的情形下，无法自动激励转发节点适应当前良好的网络通信环境，调整路由转发策略，实现视频媒体的流式传输。但当节点处于稀疏网络时，为了充分利用通信机会、增加节点异质性，需要节点自主地调节转发方式，避免流式或者近似顺序方式传输。此外，绝大多数情况下网络和本地机器中的视频是以特定的压缩编码形式存在，目前有多种编码体系和算法，需进一步深度挖掘压缩算法中的视频帧解码结构与帧间关系，将其包含的关系知识应用于机会传输过程，用于支撑单帧或者多帧消息的高效调度，以同样的传输代价，换取最大化的解码成效，建立自适应动态调整分块传输策略，这也是本书的研究重点。

综上所述，为了实现机会网络中数据的高负荷传输，不可避免地要解决上述若干关键问题。本书以机会网络的通信能力评测作为研究关键，提出了关键参数的计算方法，然后以此为依据，分析了不同大小的数据与吞吐率的关系，并给出了划定最佳消息大小的策略。

在智能终端广泛普及，多媒体应用大量涌现的形势下，研究面向机会网络的视频流媒体高效扩散问题和基于特定视频压缩编码的机会扩散机制，能够进一步拓展机会网络理论体系，具有较高的研究价值和社会应用价值。

2.6 本章小结

本章介绍了实现多媒体数据传输的机会网络环境构建与机会网络的移动模型、常见机会路由算法、消息调度方法，以及实现视频多媒体分块传输时遇到的网络通信能力计算、数据块最优大小的确定方法和视频数据传输的应用要求等关键问题。第 3 章将在此基础上，逐步开展研究，构建解决关键问题的理论方法。

第3章　多媒体数据的最优分块方法

本章主要介绍节点间的数据分发和调度问题。当机会网络中的节点在移动中相互进入通信范围时，对于特定节点，如果此时有多个节点与之建立连接，在单信道通信模式下，就要决定与相遇的哪个节点建立通信。如果只有一个节点与之相遇，还要确定是否将所持消息向其发送，这些都是机会网络中的路由问题。除了路由问题，在数据传输中还存在调度问题，即当存在多个消息向对方节点发送时，确定应该先发送哪个消息或者按照什么样的优先级发送。

特别地，当机会网络中传输的消息较大时，在一次机会通信中往往无法将一个大消息一次传送完成，这使得大消息的成功递交要耗费极大的延迟或者常常因为超时而传输失败。常用的方法是将一个大消息在源节点划分为多个大小相等的消息分块，每个分块被当作一个独立的消息在节点间传送，目标节点收到所有分块消息之后再合并成大消息数据。在这个过程中，消息分块大小的确定成为首要解决的问题。

消息传输中，消息分块的大小必须与实际网络形态相符，根据网络中大部分节点相遇时长和节点间的传输带宽来决定合适的消息分块大小。根据节点的个数和移动速度来推断递交延时和源节点大文件的大小限制。因此，需要首先建立能模拟一般机会网络通信行为的一般机会通信模型，通过计算模型中节点移动速度、节点个数、场景大小、通信带宽等一般参数，获得刻画机会网络通信能力的关键特征，如节点间的平均通信时长、总通信次数等。然后以此为基础，确定合适的数据分块大小和调度方案。

3.1　机会网络模型定义

为了能较准确地描述机会网络的工作模式，并在定量的模式描述下研究提高机会通信质量的方法策略，需要对机会网络模型作一定抽象，并给出定义。定义$N=\{N_0, N_1, \cdots, N_{n-1}\}$是具有$n$个节点的机会网络，每个节点均可在指定场景内移动。为了便于建模和计算，约定每个节点的结构都完全相同，具有相同的移动速率、相同的能量储备、相同的缓存空间和相同的通信范围，而且暂定为能量都足够维持指定时间内的通信活动。

在随机游走移动模型下，每个节点以随机的方向和固定的速率在面积为S的场景中运动。当任意两个节点之间的直线距离小于通信距离时，节点之间开始通信，并按照一定策略转发数据。当需要传输的数据规模比较大时，源节点和转发节点上携带的数据无法在一次节点通信时长内完成，导致传输失败，已传输完成的数据也无法使用。解决该问题的一个方法是通过设置各种条件增加节点和节点之间的通信时长，这就要求移动场景内节点的通信半径足够大，或者节点的通信能力强，即通信带宽大，而且可能同时需要降低节点的移动速率，机会网络变量及其定义见表 3-1。

表 3-1　机会网络变量及其定义

变量	定义
S	节点运动区域面积
n	节点数量
T	总仿真时长
R	节点通信半径
V_0	节点移动速率
B	节点间通信带宽
t_a	平均节点通信时长
C	总的节点通信次数
c_a	节点平均通信次数
M	视频数据大小
m	数据分块大小

机会网络变量的修改往往涉及机会网络硬件设备的升级，或者应用场景的刻意安排，实用性不高，因此有必要探索更适宜的解决方法，如使用数据分块传输。

节点运动场景模拟如图 3-1 所示。

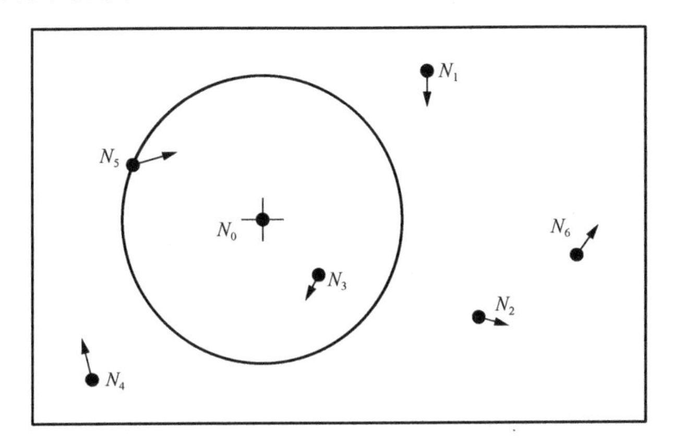

图 3-1　节点运动场景模拟

3.2　分块传输问题分析

分块传输的基本策略是在源节点上将待传输的数据块划分为若干大小合适的小数据分块，并为每个数据分块编号。在源节点、中继节点和目标节点之间有限的通信时长内，将若干个数据分块完整传输，经过在场景中一定时间的存储、携带和转发，最终使目标节点收到所有的数据分块，完成机会网络中的数据块传输。

然而，要采用数据分块的方法完成机会传输，第一个要解决的问题就是数据分块大小的设定。数据分块越大，机会通信中时长较短的通信机会越难以被有效利用，可能一个通信刚刚开始，数据传输尚未完成，即发生通信中断，本次通信未达成任何有效数据传输，通信机会也被浪费。如果将数据分块划分得比较小，几乎可以利用每一次通信机会传输适量分块数据，每次通信中，也能很大限度地有效利用通信时长，但也存在三个较大弊端：第一，数据分块划分得越小，数据分块的数量就会显著增加，数量众多的数据分块在机会通信中会被存储、携带在众多的通信节点中，在实际通信场景中，当出现节点离开目标区域、节点消亡等情况时，很容易使得相关数据分块丢失，降低了未来目标节点收齐数据分块的可能性；第二，数据分块在机会网络中传输还要附带一定容量的标记信息字段，在标记信息中记录了所在大视频数据的 ID 号、数据分块的 ID 号、源节点的编号、目标节点编号、起止时间、日期等各种支持传输有效进行的相关信息，数据分块附带的标记信息在消息中占有一定的容量，当数据分块划分得很小时，标记信息的容量比例上升，使得在机会网络传输中，源数据比重下降，网络的有效吞吐率也随之下降；第三，节点会因数据分块数量众多而增加路由算法和调度算法的计算量与耗时，加大了节点负载，易导致网络拥塞，使整体性能显著下降。在研究中采用的数据分块包含的是一定时间长度的视频数据，怎样确定适应当前网络环境的分块大小成为研究的关键问题。

鉴于以上情形，数据块的划分必须要考虑两个方向的极值，使分块大小设定在一个适宜的区间内，或者能够确定最佳分块大小的确切值。在上述讨论中已明确，分块大小的确定需要参考多个因素，分块的最大值需要按照网络的实际通信情况来给定，描述网络通信状况最重要的两个因素就是节点间通信带宽和每次通信时长及其分布。节点间每次机会通信的时间越长、带宽越大，数据分块的设置就越大。

按照上述网络变量定义，分块大小的值可定义为

$$m=\alpha \cdot t_{\mathrm{a}} \cdot B\text{，其中 }0<\alpha \leqslant 1 \tag{3-1}$$

式中，t_{a} 为节点间通信时长的平均值；α 为控制变量；B 为节点间通信带宽。当 $\alpha=1$ 时，约一半的通信机会被浪费，在另一半的通信机会中能完成至少一次数据

传输，但最后一次成功传输之后剩余的时间内可能造成通信时长的浪费。因此，需酌情降低α的取值，取值应该降到什么范围需要结合数据分块的标记信息大小和网络负载情形确定，但首先要依照网络基本参数明确节点间的平均通信时长 t_a 及其分布。

3.3　通信时长期望计算

通信时长期望是确定最优分块大小的关键因素，可通过对通信距离期望与相对速率期望的计算间接获得。

3.3.1　通信距离期望

区域 S 中有 n 个节点按照随机游走模型移动，在时间 T 内，节点按照固定的移动速率 V_0 和随机方向在区域内移动。移动过程中节点不停顿，并间歇性地随机改变移动方向，节点间通过相遇机会产生多次通信，因运动方向随机，通信时长也不尽相同。定性描述，在 T 适当的情况下，节点通信半径 R 越大，节点移动速率越小，节点间通信时长就越长。为了定量描述通信时长，可选定某个特定节点，如 N_0 来做分析。在分析过程中，为简化问题、方便建模，可将 N_0 看作相对静止，则在 S 区域内，其他节点均以 0～$2V_0$ 的移动速率按照随机方向运动。在节点 N_0 的通信范围内，不断有其他节点进入和离开，当节点处在一个较大的区域中时，可将其他节点，如 N_3 在 N_0 通信范围内的运动近似看作直线运动，如图 3-2 所示。

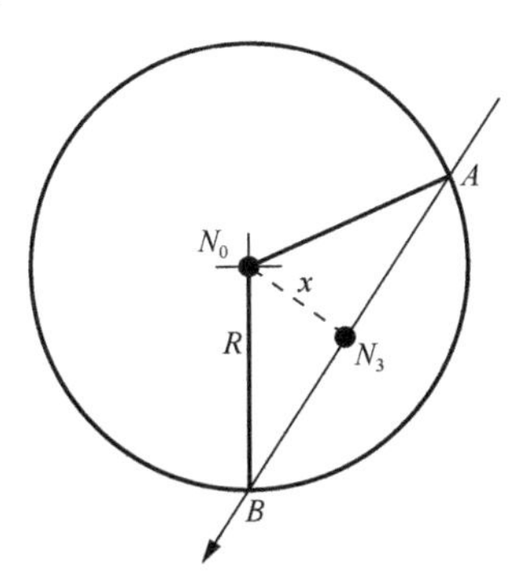

图 3-2　通信时长计算

图 3-2 中，圆 N_0 表示节点 N_0 的通信范围，线段 AB 表示节点 N_3 在节点 N_0 通信范围内的运动轨迹，线段 AB 以随机的角度和位置与圆 N_0 相交，总存在线段 x 位于和 AB 垂直的半径上，AB 位置方向随机，所以 x 的长度为 0～R，并呈均匀分布。两个节点 N_0 和 N_3 的速率相同，均是 V_0，两个节点在开始通信时，运动方向是随机的，如图 3-3 所示。

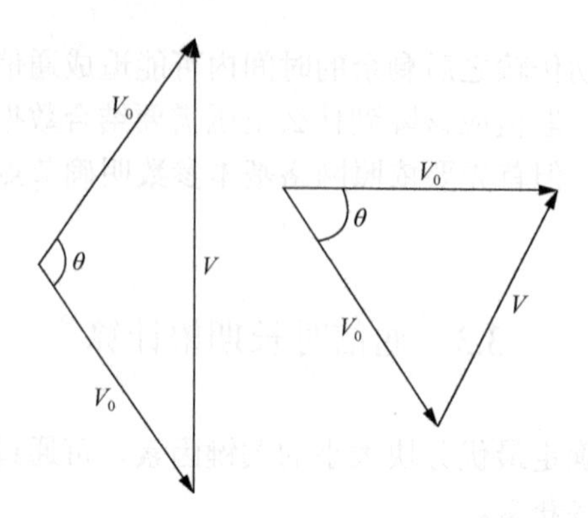

图 3-3　速率相同的两个节点之间相对速率计算

N_0 与 N_3 的相对速度为

$$\begin{aligned} V_{0i} &= \sqrt{V_0^{\ 2} + V_0^{\ 2} - 2V_0^{\ 2}\cos\theta} \\ &= \sqrt{2(1-\cos\theta)} \cdot V_0\text{，其中 } 0 \leqslant \theta \leqslant \pi \end{aligned} \tag{3-2}$$

算得两个节点相对速度后，可得 N_0 与 N_3 的通信时长为

$$t_{03} = \frac{\overline{AB}}{V_{03}} = \frac{2\sqrt{R^2 - x^2}}{\sqrt{2(1-\cos\theta)} \cdot V_0}\text{，其中 } 0 \leqslant x \leqslant R\text{；} 0 \leqslant \theta \leqslant \pi \tag{3-3}$$

θ 是 N_0 与 N_3 运动方向的夹角，当 θ 趋近于零时，表示 N_0 和 N_3 节点相对静止，其通信时长趋近于 $+\infty$，在本例中趋近于场景运行时间 T。因为 N_3 节点为任意选择的，所以 t_{03} 可被认为是 t_{0i} 节点的通信时长。限制 θ 的取值范围为 0.2～π 之后，绘制节点通信时长分布情况如图 3-4 所示。

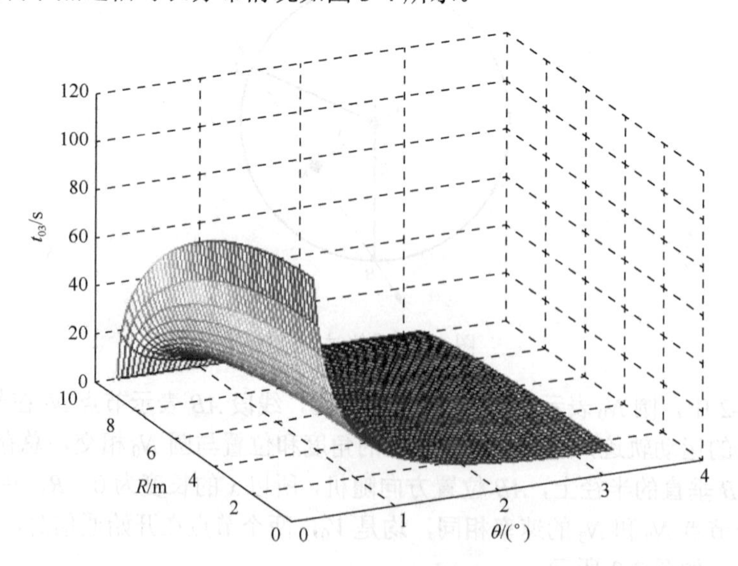

图 3-4　节点通信时长分布

当场景运行一定时间后，节点的通信时长呈现稳定的统计规律，已知 $x \sim U(0,R)$，有

$$AB = 2\sqrt{R^2 - x^2} \tag{3-4}$$

计算通信距离，即线段 AB 长度期望：

$$\begin{aligned} E(AB) &= \int_{-\infty}^{+\infty} 2\sqrt{R^2 - x^2} \cdot f(x)\mathrm{d}x = \int_0^R \frac{1}{R} \cdot 2\sqrt{R^2 - x^2}\mathrm{d}x = \frac{2}{R}\int_0^R \sqrt{R^2 - x^2}\mathrm{d}x \\ &= \frac{2}{R}\left(\frac{R^2}{2}\arcsin\frac{x}{R} + \frac{x}{R}\sqrt{R^2 - x^2}\right)\Bigg|_{x=0}^{R} = \frac{\pi R}{2} \end{aligned} \tag{3-5}$$

3.3.2　相对速率期望

计算相对速率期望须先分析 θ 的概率密度函数，假定 N_0 移动的随机方向为 θ_1，$\theta_1 \sim U(0,2\pi)$，N_i 移动的随机方向为 θ_2，$\theta_2 \sim U(0,2\pi)$，二者移动方向的夹角 $\theta = \theta_1 - \theta_2$。

令 $\theta_2' = -\theta_2$，则 $\theta_2' \sim U(-2\pi,0)$，$\theta_2$ 的概率密度函数为

$$f_2'(\theta_2) = \begin{cases} \dfrac{1}{2\pi}, & -2\pi < \theta_2 < 0 \\ 0, & 其他 \end{cases} \tag{3-6}$$

且 $\theta = \theta_1 + \theta_2'$，$\theta_1$ 的概率密度函数为

$$f_1(\theta_1) = \begin{cases} \dfrac{1}{2\pi}, & 0 < \theta_1 < 2\pi \\ 0, & 其他 \end{cases} \tag{3-7}$$

θ 的概率密度函数为

$$f(\theta) = \int_{-\infty}^{\infty} f_1(\theta_1) f_2'(\theta - \theta_1)\mathrm{d}\theta_1 \tag{3-8}$$

因为 $f_1(\theta_1) f_2'(\theta - \theta_1)$ 的非 0 区域为

$$\begin{cases} \theta_1 \in (0,2\pi) \\ \theta - \theta_1 \in (-2\pi,0) \end{cases} \tag{3-9}$$

所以速率夹角的概率密度如图 3-5 所示。

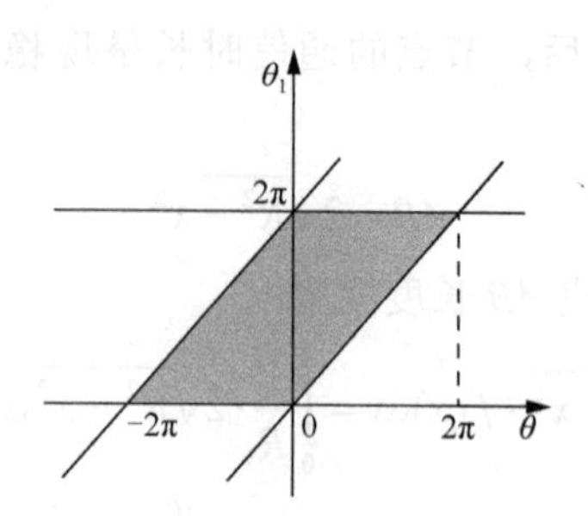

图 3-5　速率夹角的概率密度

因此，速率夹角的概率密度函数为

$$f(\theta)=\begin{cases}\int_{0}^{\theta+2\pi}\frac{1}{4\pi^2}\mathrm{d}\theta_1, & -2\pi<\theta\leqslant 0\\ \int_{0}^{2\pi}\frac{1}{4\pi^2}\mathrm{d}\theta_1, & 0<\theta<2\pi\\ 0, & 其他\end{cases}$$
$$=\begin{cases}\frac{1}{4\pi^2}(\theta+2\pi), & -2\pi<\theta\leqslant 0\\ \frac{1}{4\pi^2}(2\pi-\theta), & 0<\theta<2\pi\\ 0, & 其他\end{cases} \tag{3-10}$$

进而计算 N_0 和 N_i 两节点相对速率期望：

$$\begin{aligned}E(V_{0i})&=\int_{-\infty}^{\infty}v_0\sqrt{2(1-\cos\theta)}\cdot f(\theta)\mathrm{d}\theta\\&=\int_{-2\pi}^{0}v_0\sqrt{2(1-\cos\theta)}\cdot\frac{1}{4\pi^2}(\theta+2\pi)\mathrm{d}\theta\\&\quad+\int_{0}^{2\pi}v_0\sqrt{2(1-\cos\theta)}\cdot\frac{1}{4\pi^2}(2\pi-\theta)\mathrm{d}\theta\\&=\frac{4}{\pi}v_0\end{aligned} \tag{3-11}$$

通过 3.3.1 小节和 3.3.2 小节的分析，得到了通信距离期望与相对速率期望，因此，平均通信时长可定义为

$$t_{\mathrm{a}}=\frac{E(AB)}{E(V_{0i})}=\frac{\frac{\pi R}{2}}{\frac{4}{\pi}v_0}=\frac{\pi^2 R}{8v_0} \tag{3-12}$$

平均通信时长受节点通信半径和移动速率影响，节点通信半径越大，移动速率越小，平均通信时长就越大。平均通信时长分布如图 3-6 所示。

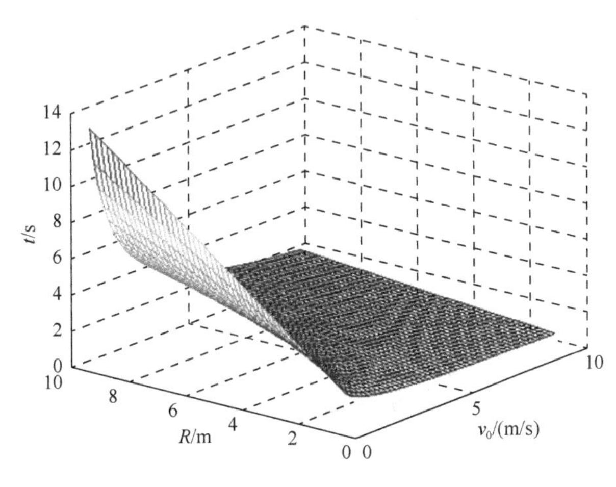

图 3-6　平均通信时长分布

3.4　通信次数期望计算

将数据块划分为若干分块并通过机会网络传播，要考虑分块的大小，同时也要分析其传输延时。机会网络中数据的传输依靠节点间的机会通信，增加节点之间通信的机会能有效缩短传输延时。定性分析可知，节点移动速率越高，节点数量越多，节点通信半径越大，所在区域面积越小，通信的机会就越多。

具体地，在所有网络运行时间 T 期间，仍然假定指定节点 N_0 处于相对静止状态，则对于任意指定节点，如 N_i，要么处于 N_0 的通信范围内，要么处于 N_0 的通信范围外。

如果将 N_i 的运动轨迹绘制成线路，则有一部分线路处于 N_0 的通信半径内，其余线路处于 N_0 的通信半径外，而 N_i 的速度方向是随机的，速度为 $0\sim 2V_0$。由此得到，当网络运行时间较长时，N_i 位于移动区域 S 内的位置是均匀随机分布的，即在 T 时间内，N_i 与 N_0 的累计通信时长平均值为

$$t'_{0i} = T\cdot\frac{\pi R^2}{S} \tag{3-13}$$

得到两个节点总的平均通信时长和单次平均通信时长后，可计算 N_i 与 N_0 的总通信次数期望，总通信次数期望公式如下：

$$i'_{0i} = \frac{t'_{0i}}{t_a} = \frac{T \cdot \dfrac{\pi R^2}{S}}{\dfrac{\pi^2 R}{8v_0}} = \frac{8v_0 \cdot T \cdot R}{\pi S} \tag{3-14}$$

N_i 与 N_0 为任意节点，如果区域内共有 n 个节点，则全局通信次数为

$$C = 4n \cdot (n-1) \cdot \frac{v_0 \cdot T \cdot R}{\pi S} \tag{3-15}$$

3.5　最优分块大小

通过对机会网络基本参数的计算，能从数据传输能力的角度分析网络综合性能，在此基础上，再确定节点间传送数据的分块大小。

为了标记分块所在的视频文件名称和在视频文件中的位置、时长等相关参数，有必要再给每个分块附加一个标记字段，构成节点间传输的消息，而消息中的标记信息规模和所占比重会对网络吞吐率产生影响。

假定标记信息为 h，分块大小为 m，则消息大小为 $h+m$。理想情况下，当带宽被充分利用时，一个有效视频数据分块的吞吐率为

$$\xi_i = B \cdot \frac{m}{m+h} = B \cdot \left(1 - \frac{h}{m+h}\right) \tag{3-16}$$

当分块大小 m 减小时，标记信息 h 在网络传播消息中的数据量比例增加，使得网络吞吐率下降。

结合机会网络平均通信时长与平均通信次数的相关计算，全局有效视频数据分块的吞吐率为

$$\begin{aligned}\xi &= \frac{(t_a - t') \cdot C}{T} \cdot \frac{m}{m+h} \\ &= \frac{\left(\dfrac{\pi^2 R}{8v_0} - \dfrac{m+h}{2B}\right) \cdot \dfrac{n \cdot (n-1)}{2} \cdot \dfrac{8v_0 \cdot T \cdot R}{\pi S}}{T} \cdot \frac{m}{m+h} \\ &= \frac{n \cdot (n-1) \cdot \pi^2 R}{2S}\left(1 - \frac{h}{m+h}\right) - \frac{4n(n-1)v_0 \cdot R \cdot m}{\pi SB}\end{aligned} \tag{3-17}$$

要获得最大有效数据吞吐率，则需要 m 取最优值：

$$m=\frac{\pi}{2\sqrt{2}}\cdot\sqrt{\frac{R\cdot B\cdot h}{v_0}}-h \tag{3-18}$$

3.6 实验验证

3.6.1 通信时长与通信次数验证

通信时长与通信次数的验证可使用机会网络环境（opportunistic network environment，ONE）仿真器构建与理论模型类似的场景，具体环境配置如表 3-2 所示。

表 3-2　ONE 仿真器环境配置

参数	量值
节点运动区域面积	S=250000m^2
节点数量	n=100
节点通信半径	R=5～10m
节点移动速率	V_0=1～10m/s
节点间通信带宽	B=250KB/s
源节点	1 个
目标节点	1 个
视频数据大小	M=1MB
节点运动模型	RD
路由算法	Epidemic

按上述参数在 ONE 仿真器内构建相应场景，设置节点数量和移动特征，经过仿真得到具体的节点通信日志，可算得平均通信时长和总通信次数，同时按照公式（3-12）、公式（3-14）计算相应值，如表 3-3 所示，绘图如图 3-7、图 3-8 所示。

表 3-3　实验验证数据（总仿真时长为 4000s）

分组序号	通信半径/m	相对速度/（m/s）	平均通信时长/s		总通信次数	
			ONE	t_a	ONE	i'_{0i}
1	10	1	13.08	12.34	2127	2016
2	10	5	3.32	2.47	10127	10084
3	10	10	2.17	1.23	20432	20168
4	5	1	6.58	6.17	1104	1008
5	5	5	1.37	1.23	5045	5042
6	5	10	0.62	0.62	10247	11102

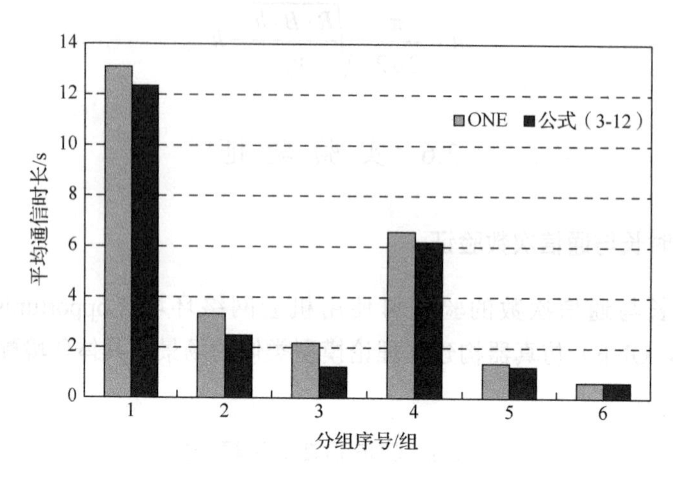

图 3-7　平均通信时长柱状图

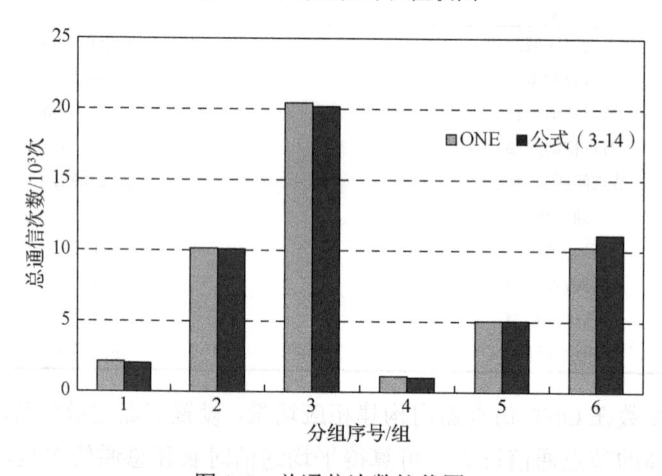

图 3-8　总通信次数柱状图

由图 3-7 和图 3-8 可以看出，6 次实验中，平均通信时长和总通信次数的公式计算结果与对应 ONE 仿真器结果接近。同时，由于节点移动和通信的随机性，ONE 仿真器结果与公式计算结果也存在小范围差异。另外，需要说明的是，总通信次数代表的是节点相互进入通信范围的次数，在实际应用中，如果节点的通信模式是单信道通信，即两个节点均处于第三个节点通信范围内时，第三个节点只能和两个节点中的一个进行通信，这时，进入同一个节点通信范围的多个节点中，也只能有一个节点与其通信。在这类节点的机会网络通信实践中，实际的节点通信次数或频率会小于理论结果。

3.6.2　最优分块大小验证

通过实验方式验证最优分块取值，假定通信半径 R=10m，速率 V_0=1m/s，带宽 B=128KB/s，标记信息 h=1MB。在仿真环境中开展实验，假定数据块大小为 100MB，分块大小为 2KB～8MB，不同路由算法下分块大小对递交延时的影响和不同视频文件大小时特定仿真时间内分块大小对递交延时的影响如图 3-9 和图 3-10 所示。

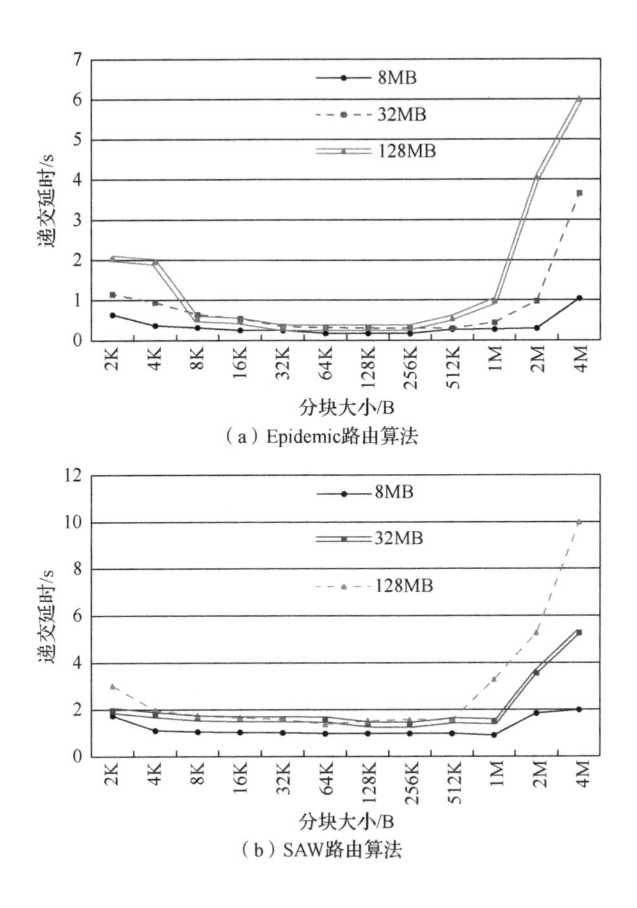

（a）Epidemic路由算法

（b）SAW路由算法

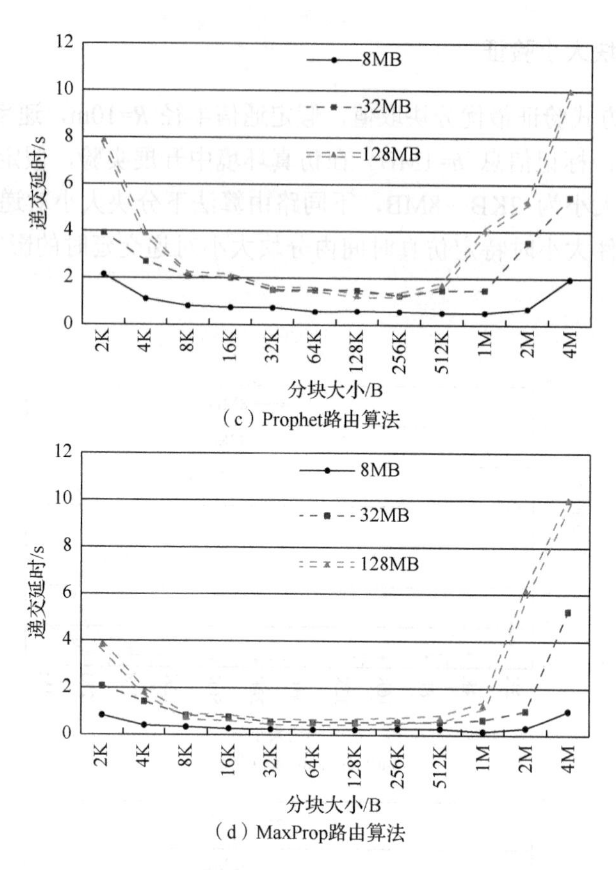

（c）Prophet路由算法

（d）MaxProp路由算法

图 3-9　不同路由算法下分块大小对递交延时的影响

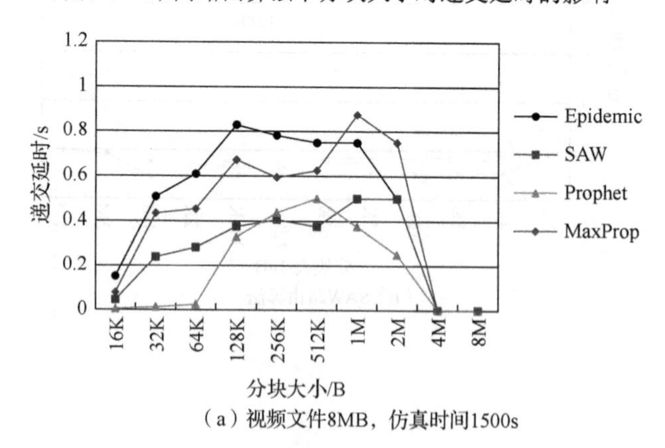

（a）视频文件8MB，仿真时间1500s

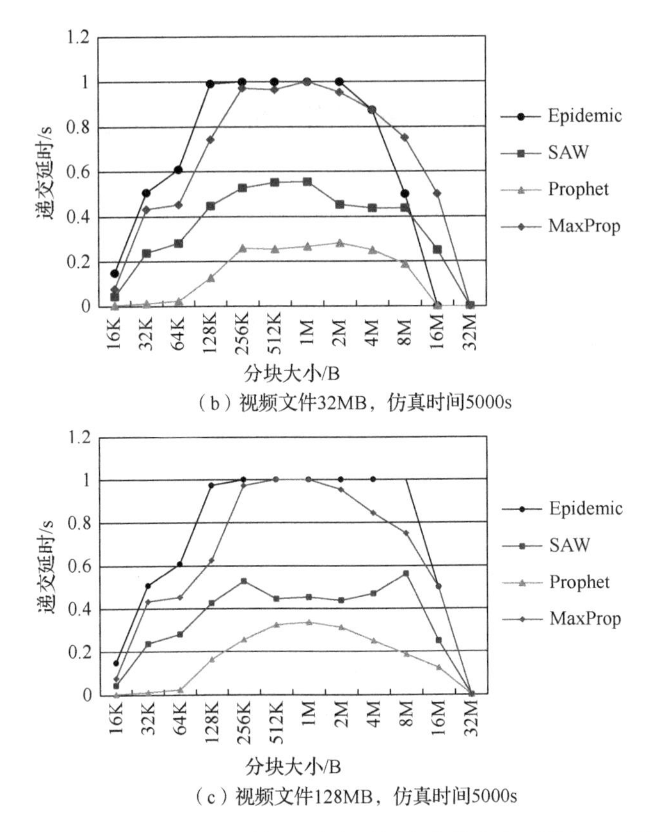

（b）视频文件32MB，仿真时间5000s

（c）视频文件128MB，仿真时间5000s

图 3-10　不同视频文件大小时特定仿真时间内分块大小对递交延时的影响

可见在上述网络通信环境下，按照公式（3-18）算得 m 为 252.3KB 时，可以取得最优传输效果。

3.7　本 章 小 结

本章介绍了机会网络通信基本模型，通过数据仿真给出了数据分块大小以及数据分块大小对网络吞吐率的影响。为分块过大或者过小时对网络的影响进行实验分析，参考网络传输能力量化指标，确定了适合当前网络的最优分块大小。

第 4 章　视频数据的渐进式调度策略

研究结果表明，社会网络中节点的强连接数量是有限的，关系密切的强连接节点常常在一定时间内处在同一个活动区域中，这也是即时数据分享的期望范围。例如，在校学习的各类活动中，基于学习资源分享与传输的社会关系扩散特征更加明显。这时，使得通过节点间的直连或者免流量转发分享成为可能。

本章在前期机会网络通信能力分析评测研究基础上，提出面向机会网络的视频媒体最优分块方案与视频分块路由、调度策略，可实现视频内容在恶劣通信条件下的最大化内容与信息量传输。

4.1　视频传输问题分析

在实际应用中，若视频数据量较大，则用户在判断是否接收该视频文件时，需要预览视频的摘要内容，以判断是否继续花费资源获取该视频，而不是完整下载该视频之后，再判断该视频是否满足所需。这就要关注视频传输中的最大化内容预览问题。同时，视频播放时的流畅性要求和视频摘要内容的预先获取都对视频分块的调度有特殊的要求。

包含同样大小分块的众多消息在机会网络中被转发、传播时，必须考虑消息的调度问题。良好的调度方案能有效提高网络节点中消息的异质性，增加两个节点相遇时消息转发的可用机会，降低同质节点浪费通信机会的情形，缩短全部消息集合的递交延时。

本章研究的是视频数据在机会网络中的传输，其也需要使用分块的方法完成。但在实际应用中，为了达到特定的视频浏览效果，并不能仅关注递交效率，照搬通用调度算法，还必须关注视频传输中的具体应用问题，如视频播放时的流畅性要求或者接收率不高时视频摘要内容的表达都对视频分块的调度有特殊的要求。

有文献分别从路由、编码等角度给出了有效传输视频分块的方法，但在网络环境恶劣、视频分块无法完全接收，甚至只有少量接收时，无法引导分块按照均匀分布的目的实现调度，使得目标节点已收到的分块不能尽最大可能均匀地分布在时间序列上，出现了视频播放中的长时中断无内容。本章拟在网络模型计算和最优分块大小计算的基础上，提出一种考察分块缺失紧急程度的指标，期望通过该指标引导分块在节点相遇时的有序调度，使得在不太影响分块传输效率的基础上，最终接收的分块总体分布尽可能均匀，让用户在无法获得完整视频数据时，能最大限度地了解视频摘要内容，为视频数据的后期传输提供决策。

本章给出了视频数据分块传输的基本框架，在该研究基础上进一步面向具体的视频浏览应用实际，引入视频均匀分布的调度方法，依照算法约束实现具有良好交互的视频传播体系。

4.2　动态图像专家组编码与帧重要度计算

首先需明确待传输视频文件的基本特征，视频文件的大小受多方面因素影响，如视频持续时间、视频采样分辨率及颜色深度、是否压缩等。有时视频文件大小接近，但播放时长和采样精细度不同，也影响分块大小的确定。常见的视频生成过程都增加了压缩阶段，以经典动态图像专家组（moving pictures experts group，MPEG）压缩编码为例，对视频压缩时，把连续的若干帧划分为一个小组称为图片组（GOP），整个视频被划分为大小相等的多个 GOP，每个 GOP 中帧数不宜多，将每组中各帧图像定义为三种类型——I 帧、P 帧和 B 帧。I 帧为定义帧，即图像的编码帧，将全帧图像进行 JPEG 压缩编码；P 帧为前向预测编码帧，是以 I 帧为参考的帧，在 I 帧中取其后续某帧各点的预测差值和运动矢量，并保存构成对应位置的 P 帧；结合 I 帧、P 帧进行预测的是 B 帧，其介于 I 帧和 P 帧之间，是双向预测编码帧。为了便于建模，假定所传输的数据是经过 MPEG 压缩的数字视频信号，表现为时间轴上的 GOP 多帧序列，所划定的分块包含一个或者多个 GOP。若要实现分块传输，则在源节点对视频数据进行分块，之后经过机会传输在目标节点接收并完成合并。拟传输的视频文件包含信息块（也称文件头）、数据块、索引块等，若不加区分地对数据做分块并编号，则必须确保在目标节点中能成功接收到包含文件头的数据分块，否则所有已收到的其他分块难以合并成可播放的文件。

可将图片组结构表示为 GOP(M,N)，N 为两个 I 帧之间的帧数，即为一个图片组的帧数，M 为 I 帧与 P 帧间隔的帧数。在一个固定结构的最小 GOP 中，I 帧的个数为 1，P 帧的个数为 $N/M-1$，B 帧的个数为$(N/M)\cdot(M-1)$。当 N=12，M=3 时，GOP 的帧结构为 I1、B1、B2、P1、B3、B4、P2、B5、B6、P3、B7、B8。拟将每个视频以帧为单位分为 $N\cdot N_{\mathrm{G}}$ 个视频分块，其中分为 I 帧包、P 帧包和 B 帧包，假设网络中有 m 个视频，视频编号为 1～m，则不同帧视频分块的 ID 号分别为

$$I_i=\{I_{i1},I_{i2},I_{i3},\cdots,I_{i_{N_{\mathrm{G}}}}\} \tag{4-1}$$

$$P_i=\{P_{i1},P_{i2},P_{i3},\cdots,P_{i_{3\cdot N_{\mathrm{G}}}}\} \tag{4-2}$$

$$B_i=\{B_{i1},B_{i2},B_{i3},\cdots,B_{i_{8\cdot N_{\mathrm{G}}}}\} \tag{4-3}$$

式中，N_{G} 代表 GOP 的个数；$1\leqslant i\leqslant m$。以 $N=12$，$M=3$ 为例，MPEG-4 视频

帧结构如图 4-1 所示。

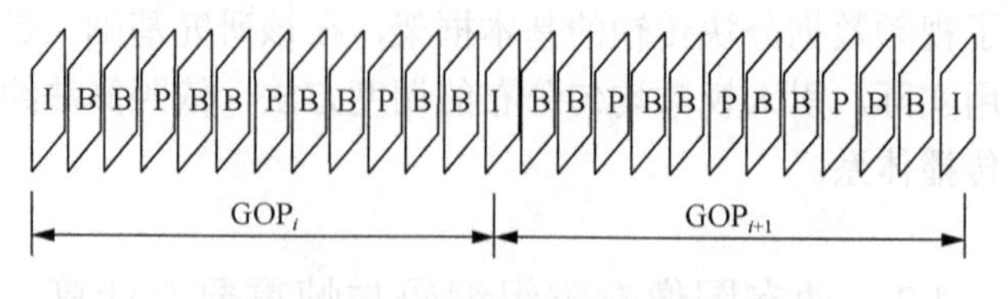

图 4-1　MPEG-4 视频帧结构示意图

当目的节点收到部分视频分块后，需要将已收到的视频分块解码重组为可播放的视频序列。可用视频帧解码率代表将不同类型的视频分块解码成可播放的视频序列在总视频序列中的占比，定义为

$$N_{\text{dec}}=\frac{N_{\text{decI}}+N_{\text{decP}}+N_{\text{decB}}}{N_{\text{Ftotal}}} \tag{4-4}$$

式中，N_{dec} 为视频的帧解码率；N_{decI}、N_{decP} 和 N_{decB} 分别为三种类型帧的可解码帧数；N_{Ftotal} 为一个视频序列的总帧数。可确定 I 帧、P 帧、B 帧的可解码帧数的期望值为

$$N_{\text{decI}}=(1-P_{\text{I}})\cdot N_{\text{G}} \tag{4-5}$$

$$N_{\text{decP}}=(1-P_{\text{I}})\cdot\sum_{j=1}^{N_{\text{P}}}(1-P_{\text{P}})\cdot N_{\text{G}} \tag{4-6}$$

$$N_{\text{decB}}=(M-1)(1-P_{\text{I}})(1-P_{\text{B}})\cdot[(1-P_{\text{I}})(1-P_{\text{P}})^{N_{\text{P}}}+\sum_{j=1}^{N_{\text{P}}}(1-P_{\text{P}})^{j}]\cdot N_{\text{G}} \tag{4-7}$$

式中，P_{I}、P_{P} 和 P_{B} 分别为 I 帧、P 帧和 B 帧数据包的直接丢失率；N_{G} 为 GOP 的个数。

结合上述期望，帧解码率如下：

$$N_{\text{dec}}=\frac{S_{\text{I}}[S_{\text{P}}+S_{\text{P}}^{2}+S_{\text{P}}^{3}+2S_{\text{B}}(S_{\text{I}}S_{\text{P}}^{3}+S_{\text{P}}+S_{\text{P}}^{2}+S_{\text{P}}^{3})]}{N} \tag{4-8}$$

通过求偏导数，拟用偏微分方程计算改变每个类型数据包的成功接收率对帧解码率的增益函数，并用其增益函数表示不同类型帧对视频重建的重要度：

$$\frac{\partial N_{\text{dec}}}{\partial S_{\text{I}}}>\frac{\partial N_{\text{dec}}}{\partial S_{\text{P}}}>\frac{\partial N_{\text{dec}}}{\partial S_{\text{B}}} \tag{4-9}$$

于是，当 I 帧、P 帧、B 帧的递交率分别增加时，增大 I 帧的递交率，视频的帧解码率增量最大，增大 P 帧和 B 帧次之。因此，当网络条件一定，即不考虑增加带宽、通信半径对帧解码率的影响时，增大 I 帧的递交率能得到较好的帧解码率。本节用帧重要度表示不同类型帧在视频重组时的重要程度，可见，I 帧的丢失对视频重组的影响最大。

4.3　压缩视频分块方法

大量研究证实，数据量大的信息通过分块传输能够有效提高机会网络的通信效率，分块大小对传输效率有重要的影响。分块的大小应依照网络的实际通信能力来确定。描述网络通信能力最重要的两个参数是节点间通信带宽和通信时长分布。在前期的研究中，已经明确了机会网络中任意两个节点间平均通信时长 t_a 的计算方法。

该方法通过对机会网络基本参数的计算，从通信机会与强度的角度确定了机会网络综合传输能力的量化表达。在此基础上，再进一步确定节点间传送数据的最优分块大小计算方法。

为了解决视频文件数据分块问题，在对视频文件数据进行分块处理时，需通过分析视频数据结构，计算 GOP 个数和大小，参照最优分块大小划定 GOP 数量，并给每一个分块重新定义一个与之对应的视频文件头，记录该分块中数据的大小、编解码等信息，并连同相应的 GOP 数据共同组成分块。这样每个分块成为一个独立的可播放视频，即使接收端分块接收不完整，仍可合并成可播放的视频文件。

除了新生成的分块视频文件头，还需要记录视频的文件名、分块在视频文件中的位置、时长、生命周期等相关参数，将这些内容都统一放置于称作标记字段的数据结构中，与视频分块数据一起构成节点间传输的消息。显而易见，消息中的标记信息规模和所占比重会对网络吞吐率产生影响。

4.4　视频分块调度策略

机会网络中，节点的移动具有随机性，节点间的通信具有机会性，节点的产生和消亡难以预测，无法保证在指定时间内，所有数据分块都能完整传输到目标节点，尤其当数据分块较多时，容易出现个别或者部分分块在传播途中被节点丢弃或消亡的情况。在视频传播的实际应用中，由于网络的不确定性，也容易发生视频分块接收不完整的情况。当缺块数量较少时，少量、短暂的停顿或者模糊往往不会影响视频的正常播放和对视频内容的理解。但如果缺块较多，而限于网络环境又无法及时接收到比较齐备、完整的分块，就会对视频的播放、理解造成影响。在很多具体应用中，网络通信环境恶劣、分块缺失严重时，更希望能获得均匀分散在时间轴上的视频内容。通过一系列视频片段或者不连贯的帧图像来了解视频的摘要信息，并由此来判断，是否继续接收或者传播该视频内容。因此，有必要通过算法来引导、调整数据分块的机会通信行为，有目的地干预数据分块，使其最终在目标节点中趋于均匀分布。

当有数据分块缺失时，最终得到的视频序列质量必然受到影响，缺块率越高，质量影响越大。可采用峰值信噪比（peak signal-to-noise ratio，PSNR）参数来评价视频质量。

PSNR 是经典的图像和视频质量评价方法，它用解码后图像偏离原始图像的误差来评价图像的总体质量。离散图像信号的 PSNR 定义如下：

$$\mathrm{MSE}=\frac{1}{M\times N}\sum_{i=0}^{M-1}\sum_{j=0}^{N-1}(f_{ij}-f'_{ij})^2 \tag{4-10}$$

$$\mathrm{PSNR}=10\times\lg\frac{255^2}{\mathrm{MSE}} \tag{4-11}$$

式中，f_{ij} 和 f'_{ij} 分别为像素点(i,j)位置上原始图像和解码后图像的灰度值；M 和 N 分别为图像水平方向和垂直方向的像素点数。根据 PSNR 定义，机会网络中视频数据分块传输的递交率越高，PSNR 值就越大，相应的视频分块越齐备，视频质量也就越好。可以用 PSNR 直接评价缺块率或者递交率对视频质量的影响。

4.4.1　分块紧缺度建模

为了更准确地描述目标节点中，尚未接收到的分块的紧缺程度，本小节提出分块紧缺度概念并给出具体的定义。

分块紧缺度的定义：分块紧缺度是对每个缺失的分块在其分块序列中所在位置周边缺块情况的刻画。分块紧缺度示意如图 4-2 所示。

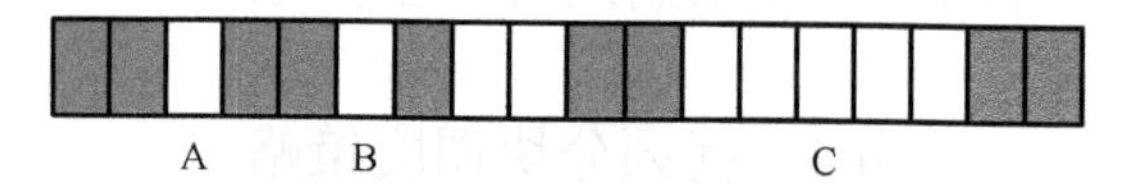

图 4-2　分块紧缺度示意图

图 4-2 中方格序列代表某个节点对特定视频数据分块的接收情况。每个小方格表示一个视频数据分块，带阴影部分的方格表示已接收到该分块，空白部分表示该分块暂时缺失，而且缺块不均匀，缺失的每个分块都有可能在下次数据传输中得到补足。假定接下来的通信中，对方节点中包含 A、B、C 三个分块，为了达到缺块分布趋于均匀的目的，在连接随时可能断开的情况下，应该优先传输 C 分块，减少 C 分块区域连续的空缺。如果只比较 A、B 两个缺块的优先级，可以发现，A、B 两个缺块位置附近总长度为 5 的范围内，A 位置附近包含了 4 个分块，B 位置附近只包含了 3 个分块，因此若仅二者相比，优先传送 B 分块数据。

假定视频数据共被分为 k 个分块，编号依次为 0, 1, 2, 3, …，$k-1$，分块紧缺度只考察当前缺块位置附近[0, L](L 为偶数)内的分块收到和缺失情况，当前缺块位置位于该区间正中间。

按照与缺块位置的远近关系定义分块紧缺度权值函数：

$$f_{\text{weight}}(x)=\begin{cases} x, & 0\leqslant x<\dfrac{L}{2} \\ \dfrac{L}{2}, & x=\dfrac{L}{2} \\ L-x, & \dfrac{L}{2}<x\leqslant L \end{cases} \tag{4-12}$$

式中，考察区域的长度为$L+1$。

考察区域的长度设定要考虑两方面因素，如果L值设置得过大，会出现较大冗余计算；如果L值设置较小，运算速度快，但缺块程度表征意义下降。为了有效权衡上述两个因素，应将L设定为符合当前网络递交率状况的数值，如果递交率为δ，可设定L为

$$L=(1-\delta)\cdot\frac{k}{2} \tag{4-13}$$

式中，k为分块总数。递交率未知的情况下预设L值介于$k/100$～$k/10$，可获得较好的分块分布和运算速率。

由此，可定义处于j位置的分块紧缺度U_j为

$$U_j=\sum_{x=j-\frac{L}{2}}^{j+\frac{L}{2}} f_{\text{weight}}\left(x-j+\frac{L}{2}\right)\cdot[1-E(j)] \tag{4-14}$$

式中，$j\in(0,k-1)$；$E(j)$为分块的存在向量，缺失时取值为 0，已收到时取值为 1，用于标记当前分块是否已经被接收；$1-E(j)$为当前分块缺失状态取反。最后对缺失的分块进行加权累加。

分块紧缺度的计算采用类似滑动窗口的方法给出定义。在中继节点或者目标节点的视频分块序列中，缺失分块位置上的紧缺度计算来源于对其附近宽度为L+1 的窗口中所有缺失分块的加权累加。不同的缺块位置对应着不同的测算窗口。通过公式（4-14）能计算每个缺块位置及周边的缺块程度，并找出整个分块序列中，缺块情形最严重的位置，为节点间的分块传输提供引导依据。

由该模型可以获知每个缺失分块位置上等待接收分块的紧急程度。在通信随时可能断开的情况下，应该优先传输待接收节点中紧缺度高的对应分块，以期最终目标节点能接收到分布趋于均匀的分块序列。

在后面的实验中，为了量化并判断分块序列趋于均匀分布的程度，首先定义缺块均匀度。缺块均匀度是描述某个节点中，特定某个视频文件的分块序列中发生分块缺失时，缺失分块的分布均匀程度，用分块序列中所有缺块位置的分块紧缺度最大值表示，即

$$P=\max_{j=0}^{k-1}(U_j) \tag{4-15}$$

当递交率非 0 和非 1 时，节点当前已接收到的视频分块分布越均匀，越不容易出现长时间连续缺块的情形，其均匀度越高；相反地，当视频分块分布呈现较高的聚集时，必然同时出现较多的缺块聚集，其整体均匀度降低，用户得到的视频内容信息量减少。

4.4.2 视频分块调度算法

确定了分块紧缺度量化模型后，可在节点通信时以此为依据，引导节点间的视频分块调度，实现转发节点和目标节点的数据分块渐进式接收，并在任意缺块率时保证分块的最大可能性均匀分布。

本书提出以分块紧缺度计算的方式实现分块紧缺度调度算法（partial emergency schedule algorithm，PESA），完成分块在节点间通信时的调度。

当机会网络中任意两个节点相遇时，首先交换各自的存在向量表，获得可以传给对方的可用分块集合。之后，计算集合中每个分块编号在对方分块序列中的分块紧缺度，选择分块紧缺度最高的分块优先传送。传送结束后，对方更新存在向量表，换由对方计算分块紧缺度，发起传送。对于支持全双工通信的节点，可以双向同时传送。

PESA 设计详见算法 4-1。

算法 4-1 分块紧缺度调度算法

```
1:    while contact_with(nj)do
2:          receive_from(nj,aj)
3:          if(ai∧(1-aj))≠0 and (initiate_connection_with(nj))
then
4:             Ci,j=PESA_selection_from(ai∧(1-aj))
5:             send_to(nj,Ci,j)
6:          end if
7:            if(aj∧(1-ai))≠0 and (initiate_connection_with(nj))
then
8:             receive_from(nj,Cj,i)
9:             qj,i={i0,…,ik-1}
10:            ai=aj∨qj,i
11:          end if
12:   end while
```

机会网络中两个节点建立通信时，首先依据相关路由算法确定是否实现数据传输，如果产生数据传输，就要计算当前节点优先向对方节点发送哪些分块，在通信随时可能断开的情况下，按PESA给定的优先次序发送分块。例如，在sp节点中，通过sp、sq两个节点的存在向量，统计sp节点中有，而sq节点中空缺的分块，并计算每个空缺分块在sq节点中的紧缺度，确定具有最大紧缺度的分块编号并发送该分块给sq节点。然后在sq节点中，更新存在向量并统计可发给sp节点的分块集合，计算紧缺度最大的分块并进行传输。反复执行该过程，直到无分块可传或者通信断开。该算法的时间复杂度为 $O(k\times L)$，与机会通信延时相比，其运算耗时可忽略不计。

4.5　仿真与评价

为了评估算法性能，使用ONE仿真器建立机会网络通信实例，配置不同的节点移动模型和路由算法，结合不同的分块紧缺度调度算法开展实验。为了体现算法效用，节点与环境参数的设置需要避免连通性过强和过弱两种极端情况。当连通性过强时，节点间成功传输的概率很高，在短时内能够将视频分块完整地或者比较完整地传输给目标节点，这时渐进式传输算法的效用难以察觉。当连通性过弱时，目标节点在有限的时间内难以获得适当的分块数量，零星获得的分块即使依照时间均匀分布，用户仍难以获知视频梗概信息，难以发挥算法效用。只有当目标节点在适当时间内能达到5%～95%的分块递交率时，才能有效发挥算法的渐进式调度策略，引导分块有序传输，完成实验效果验证。

另外，视频内容的机会网络传输能涵盖众多的应用领域，除去本研究所涉及的基本调度算法，在特定应用领域中可能还需要增加如社交模型、交通行为模型、信任度模型等不同模型和算法，有针对性地解决具体应用问题。本实验中，为了测试具有普遍意义的最优分块算法和基于分块紧缺度的调度算法的效率，只设置满足网络通信强弱度需要的若干参数，并观察参数变化对实验结果的影响，体现算法的普遍适用性。

4.5.1　分块大小仿真实验

为了验证提出的视频数据的分块大小最优化算法的有效性，可设置节点移动区域面积为500m×500m，通信半径 R=20m，节点移动速率 v_0=1m/s，节点通信带宽为256B/s，并假定视频数据大小为100MB。实验中，将分块大小分别设定为4KB～4MB，标记信息为2KB，其递交延时分布如图4-3所示。可以看出，在该网络通信环境下，不同的分块大小会产生不同的递交延时效果，太大或者太小的分块都导致产生了较大的延时。按照本章最优分块大小计算方法得到的值是158.9KB，该值位于产生最小递交延时的分块大小附近，表明该最优值在实际传输中能够保证高效的分块传输效率。

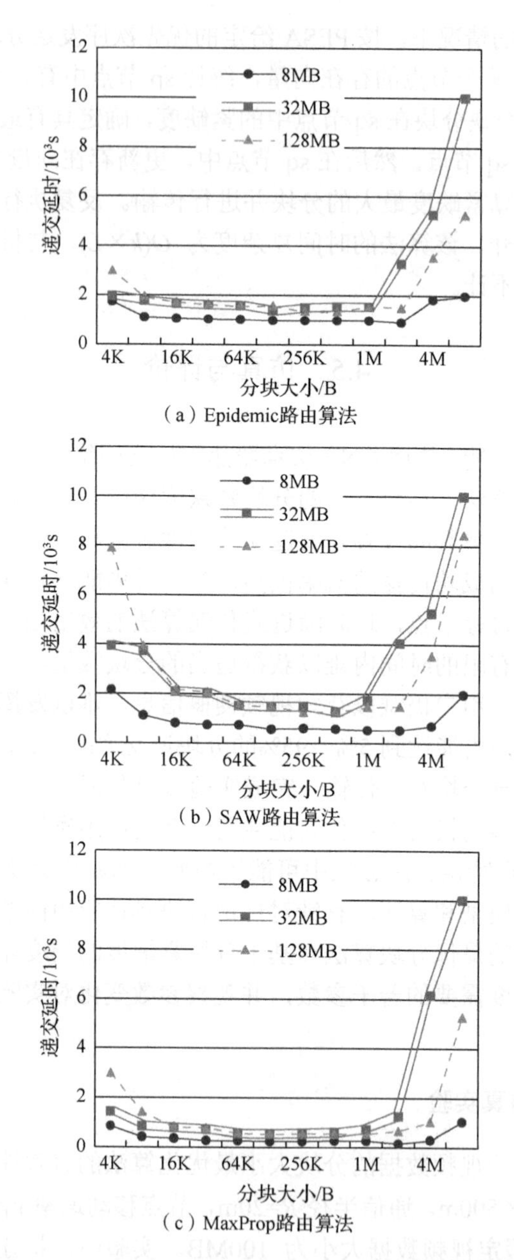

（a）Epidemic路由算法

（b）SAW路由算法

（c）MaxProp路由算法

图 4-3　不同路由算法下分块大小对递交延时的影响

由视频质量评价指标 PSNR 的定义可知，目标节点中视频分块的递交率是影响视频质量的关键因素。当分块缺失时，合并已接收到的所有分块，对视频的播放时长并不产生影响，只是缺失分块对应的视频内容以无内容零值呈现。因此，递交率越低，视频内容与源节点内容差异越大，PSNR 值就越小。如图 4-4 所示，针对节点 1、节点 50 和节点 99 三个节点的消息接收情况，分别计算不同递交率对 PSNR 的影响。实验表明，尽管每个节点接收到的消息分块集合与分布各不相同，但只要递交率相同，视频的 PSNR 就几乎没有差异。

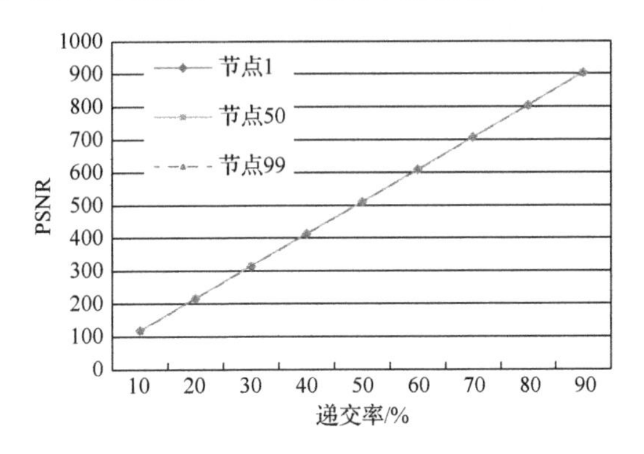

图 4-4　不同节点中递交率对 PSNR 的影响

4.5.2　调度算法有效性分析

本书提出的 PESA 是机会路由算法的延伸，目的是在不降低递交率的前提下，提高节点中视频内容的信息量，让接收不完全的视频分块趋于均匀分布。对比常见的顺序调度（SEQ）算法、随机调度（RAN）算法和基于流行度调度（POP）算法，对递交延时进行测试。

由图 4-5 可以看出，四种调度算法随着递交率的提高，递交延时均在增加。顺序调度算法要求，在前序分块未接收到之前，不接收后续分块，所以延时最大；随机调度算法次之；基于流行度调度算法加入了分块的副本计数功能，效果有所改善；本书算法从视频信息量上提出调度方法，客观上促进了分块的差异化扩散，有较好的递交延时表现。

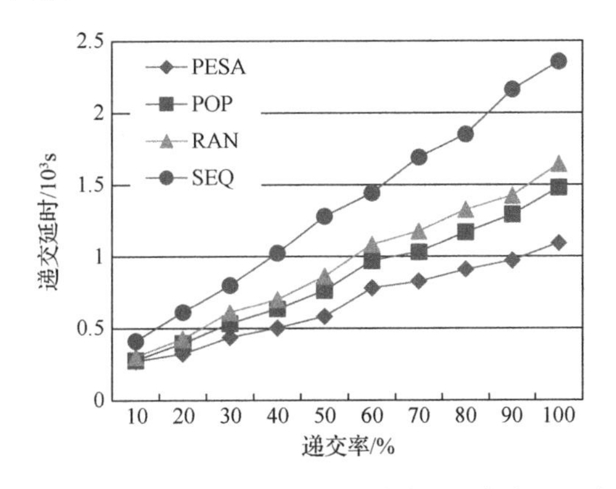

图 4-5　随机游走模型四种调度算法对递交率的影响

为了分析不同的调度算法对目标节点中视频数据分块均匀度的影响，在上述网络参数环境下，继续展开实验。图 4-6 中给出了在不同视频文件大小和分块大小情况下的实验结果，使用随机游走模型，共 100 个节点在 300m×300m 的场景中移动。图中，横坐标表示目标节点中视频分块的递交率，纵坐标表示目标节点接收的视频分块序列中整体缺块均匀度的量值。缺块均匀度值越小，表明分块分布越均匀。

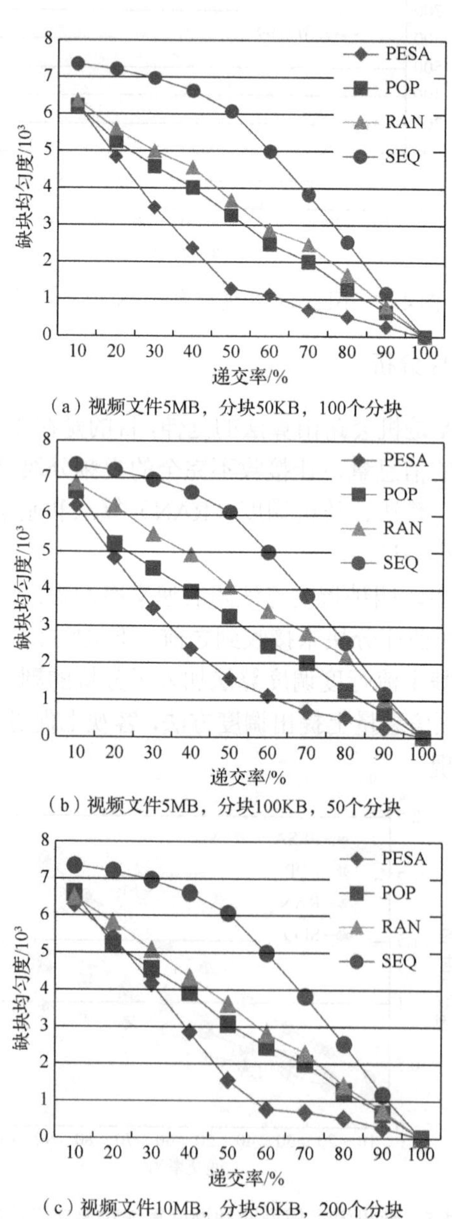

（a）视频文件5MB，分块50KB，100个分块

（b）视频文件5MB，分块100KB，50个分块

（c）视频文件10MB，分块50KB，200个分块

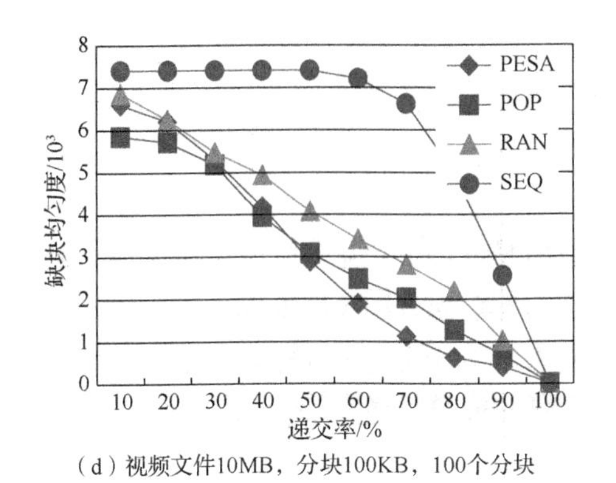

（d）视频文件10MB，分块100KB，100个分块

图 4-6　四种调度算法性能分析

从实验结果可以看出，当递交率极小或者极大时，不同的调度算法对分块分布的影响较小，即目标节点接收到的视频分块太少时，难以获知整部视频内容简略的摘要信息；目标节点接收到的视频分块趋于完整时，几乎可以浏览到任意时刻的视频帧。这两种情况下，缺块均匀度的表征意义不大。只有当视频分块因网络环境恶劣而无法在有限时间内接收完整时（如递交率为 5%～95%），才需要引导分块按照需求提供均匀分布的视频摘要信息。本书所述 PESA 能有效引导节点间的视频分块调度，并促成在最终目标节点中，已接收到视频分块的均匀分布趋势，为有限时间内视频内容的最大化传输提供良好的解决方法。

图 4-7 为使用不同的视频分块调度算法在目标节点达到 50%递交率时所接收到的所有分块的第一帧序列，一共划分了 100 个视频分块，给出了 100 个视频帧内容。由图 4-7（a）可以看出，使用顺序调度算法能使已收到的分块连续分布在时间前段，后段分块全部缺失，用户无法获知视频全局信息。图 4-7（b）使用的是随机调度算法，消息传输中，随机选择分块传输，但受节点实际通信具体情况影响，使得目标节点接收到的分块不能均匀随机分布在整个视频序列中，在视频序列的前三行和后两行出现了较为连续的缺块情形。图 4-7（c）是采用了 PESA 之后的分块帧序列，虽然受通信实际影响也出现若干连续缺块情形，但总体上分块的传输受到算法中分块紧缺度指标的引导，使接收到的分块能以比较均匀的形式在帧序列中分布，也就是说，用户几乎在每个短暂的接触时长都能接收到一定时长的视频内容，对视频全局内容有了更全面的了解。

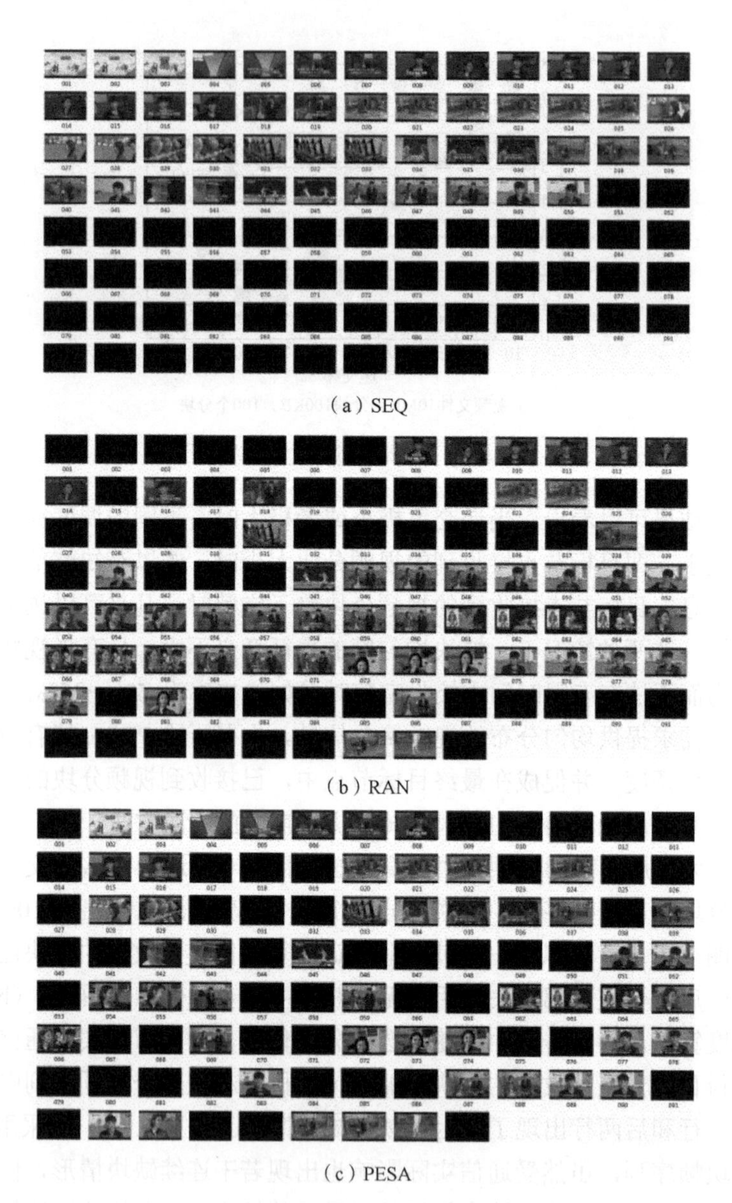

(a) SEQ

(b) RAN

(c) PESA

图 4-7 不同视频分块第一帧序列示意图

4.6 本 章 小 结

本章面向无基础设施的机会通信实际，建立了符合机会网络通信能力和视频压缩规则的视频数据最优分块方法，并结合机会网络中视频传输的实际应用需要，分析了恶劣网络环境下视频分块调度方法的特殊性，提出了基于分块紧缺度的视频分块调度算法。实验表明，提出的分块大小确定方法和分块紧缺度调度算法能实现视频内容的渐进式均匀接收，提高数据递交率，为恶劣机会通信环境下的最大化视频内容传输提供有效解决方案。

第5章　校园社区节点影响力分析

传统社交网络连接下的节点可以在网络连通的情况下随时随地进行通信，其在方便交流的同时却无法对学生的协作交互特征进行统计，校园内学习者的移动轨迹、驻留时长、节点间的通信时长、交互频次、传输数据量等特征是支持学习交互决策的重要因素。李晓峰等[74]研究表明，六度分隔理论在容迟网络中能得到较好的应用，而校园协作学习环境与传统的容迟网络应用环境相比，除了具备基本特征，还存在以下新的特点。

校园环境下人员更为密集，个体之间的社会关系也更为密切，这也更加保证了信息的充分传输。学生之间年龄相似，群体生活也富有规律性，这为移动社会网络提供了天然的组网基础，且由于同一协作小组节点接触密切，在消息传输过程中可以将小组作为一个整体。

移动机会网络可以对各个节点和小组之间的交互特征进行统计，并对每个学生和每个协作小组乃至整个群体的学习情况进行分析，从而得出协作学习交互特征模型，促进协作学习理论的发展，并据此逆向推动学生的学习与交流。由于校园人员较为密集且作息相似，在课间、吃饭时间等特定时间段，大量人员对于传统社交网络的流媒体使用容易导致网络阻塞，移动机会网络可在此时通过数据卸载和数据分流减轻传统通信网络的负担，提高学习内容的传输效率。

在本章中主要依据学生节点间的接触情况[75]，首先，对节点间的关联度 R_{dn} 进行具体分析，并据此计算学生节点的可接触性 C_{dn}。其次，根据学生节点在协作学习交互过程中特有的参数特征，对其进行学习 Lead 指数 L_i 和学习中心性 LV_i 分析，从而对学生节点的影响力进行计算。最后，结合传统节点中心性和校园环境下学生节点的可接触性 C_{dn}，得到学生节点的节点接触中心性 CV_i。

5.1　学生节点关联度

学生节点关联度，由传递信息的任意两个学生节点之间的跳数及其形成路径的边的权值计算得到。其中，边的权值以任意一个节点接触该学生节点的次数与接触所有学生节点的总次数的比值决定。

当每一个学生节点都至少保存有一跳邻居节点的信息时，那么任意两个学生节点相遇时，每一个学生节点可至少获得两个节点信息，即相遇学生节点与其携带的邻居节点信息。同理可知，当任意学生节点均与不少于k个节点发生接触时，每个学生节点都会获得至少k跳的节点信息，设学生节点总数为G，$k \leqslant G$。学生节点n对于学生节点d的节点关联度计算如下:

$$\begin{aligned} R_{dn} &= r_{1n} + r_{2n} + r_{3n} + \cdots + r_{in} \\ &= \frac{l_{1n}}{l_1} + \sum_{i=1}^{k} \frac{l_{i11}}{l_1} \cdot \frac{l_{i11} \cdot l_{2n}}{l_{i11} \cdot l_2} + \sum_{i=1}^{k} \frac{l_{i21}}{l_1} \left(\sum_{i=1}^{k} \frac{l_{i21} \cdot l_{i22}}{l_{i21} \cdot l_2} \cdot \frac{l_{i21} \cdot l_{i22} \cdot l_{3n}}{l_{i21} \cdot l_{i22} \cdot l_{i3}} \right) \cdots (1 \leqslant i \leqslant k) \end{aligned} \tag{5-1}$$

式中，R_{dn}为学生节点n与学生节点d的节点关联度；r_{in}为学生节点d经过i跳节点所能接触到学生节点n的次数与d接触所有学生节点总次数的比值；l_i为当前学生节点第i跳节点的总次数；l_{in}为当前学生节点的第i跳节点是节点n的次数；l_{imp}为在传输信息过程中，接触当前学生节点i时，到达学生节点n共有m跳，其第p跳的路径个数$(p \leqslant m)$。如上述公式（5-1）中，$i11$表示接触到当前节点i时，第1跳就能够到达学生节点n的次数。

学生节点关联度计算示例如图 5-1 所示，设d-1 的消息传输次数为 2，d-2 的消息传输次数为 3，d-3 的消息传输次数为 1，为方便计算，设其余各学生节点间的传输次数均为 1。观察发现，学生节点d到达学生节点n的路径有三条，分别为d-2-5-n、d-3-5-n、d-3-6-n。可以看到，学生节点d到达学生节点n均在第三跳节点到达，即$R_{dn} = r_{3n}$。

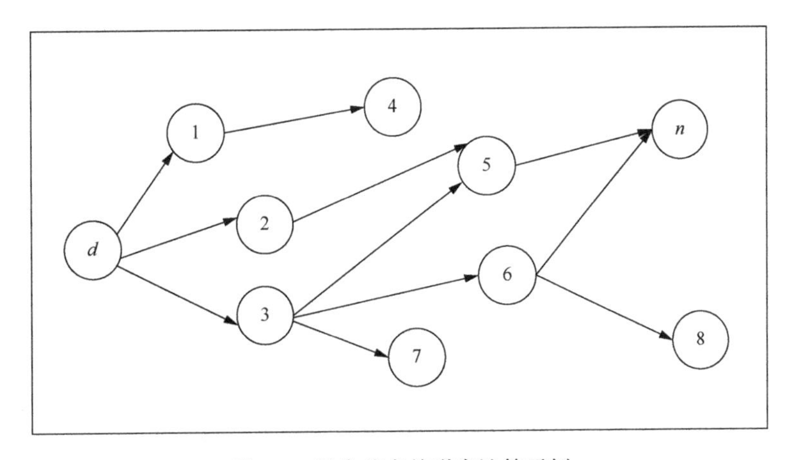

图 5-1　学生节点关联度计算示例

对路径d-2-5-n进行计算，$3/(2+3+1) \times 1 \times 1 = 0.5$；对路径$d$-3-5-$n$进行计算，$1/(2+3+1) \times (1/3) \times 1 \approx 0.06$；对路径$d$-3-6-$n$进行计算，$1/(2+3+1) \times (1/3) \times (1/2) \approx 0.03$。因此，$R_{dn} = r_{3n} = 0.5 + 0.06 + 0.03 = 0.59$。

在校园环境中，学生节点关联度更多地体现在学生节点的移动轨迹上，其单一且相似。在校园小区域内，同一专业、同一班级甚至同一宿舍的学生关联度更大。节点关联度考虑到学生各节点的社会属性，在进行协作学习时，关联度大的节点更容易接触，更可能关注同一领域的知识，更可能在信息传播过程中发挥作用，继而成为校园社区的 TOP-K 节点。

5.2　学生节点可接触性

本节内容通过ONE仿真器对infocom06数据集进行120000s时长的仿真试验，分析其中完成传递的 397 条消息。

首先，通过分析仿真结果，得到了完成当前消息传递所需要的消息跳数与其对应的消息个数关系，如图 5-2 所示。可以看出，能够完成消息传递的跳数，主要集中于 3～7。

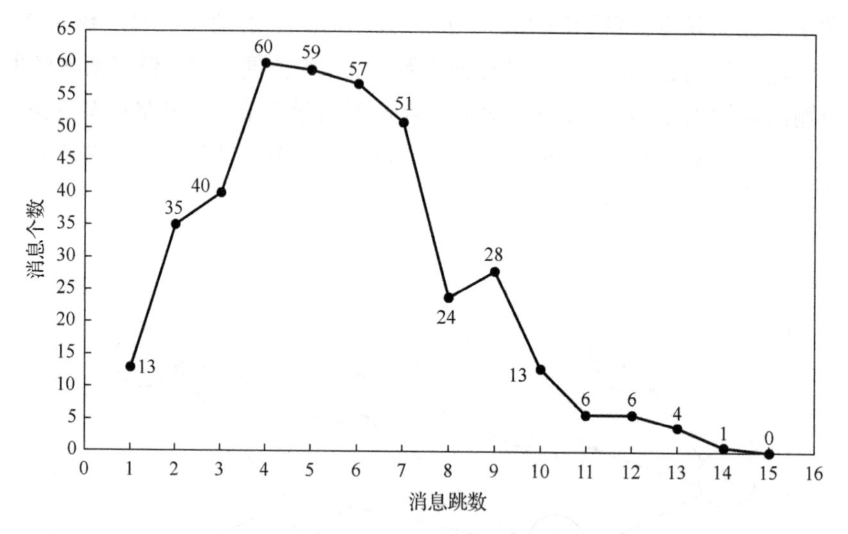

图 5-2　完成当前消息传递所需要的消息跳数与其对应的消息个数关系图

其次，对传输时长与成功传递消息个数的关系进行分析。由图 5-3 可知，随着消息传输时长的增加，成功传递消息的个数呈指数递减。

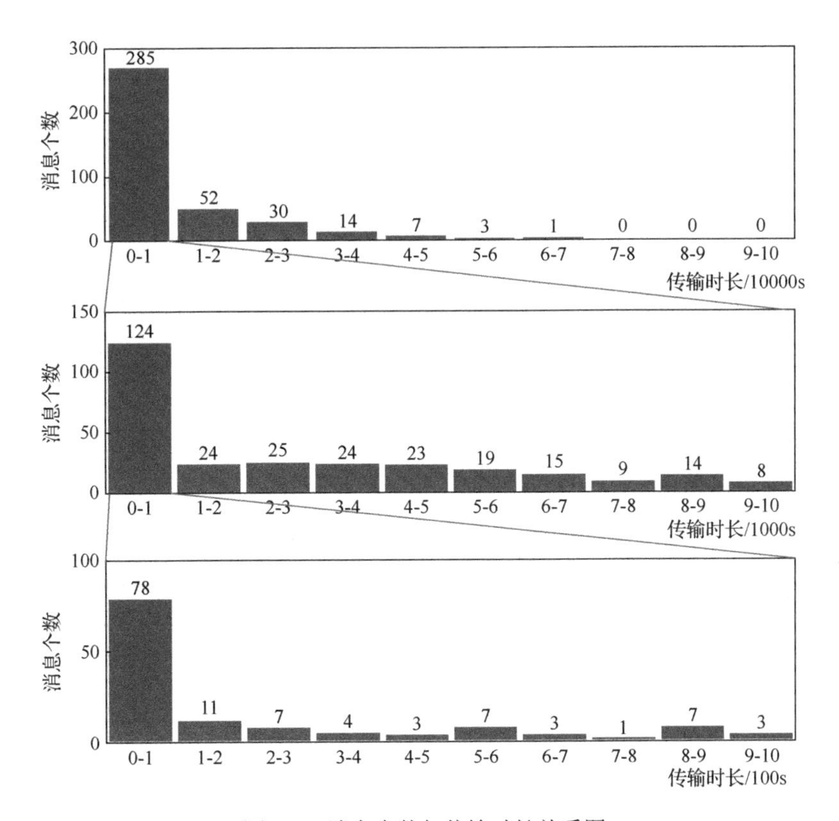

图 5-3　消息个数与传输时长关系图

最后，对消息传递过程中，学生节点的每一跳进行具体统计并分析。

研究发现，当学生源节点相同时，其第一跳节点的重复率很高，如表 5-1 所示（只展示部分节点）。例如，当源节点为 p4 时，在本实验中发送了 6 条消息，第一跳节点为 p0 共有 4 次。这说明在信息传输过程中，第一跳的路径通常较为稳定。

表 5-1　第一跳节点重复情况统计

源节点	发送消息个数	第一跳节点	出现次数	源节点	发送消息个数	第一跳节点	出现次数
p0	4	p2	2	p2	6	p13	4
p3	5	p4	3	p4	6	p0	4
p42	8	p92	2	p43	3	p45	2
		p94	3	p47	4	p85	2
p52	6	p60	4	p51	4	p38	2
p55	4	p1	2	p50	7	p63	2
p56	2	p19	2			p15	2
p6	2	p94	2	p11	4	p47	4
p13	3	p15	2	p12	5	p16	4
p24	6	p21	4	p71	4	p92	2

续表

源节点	发送消息个数	第一跳节点	出现次数	源节点	发送消息个数	第一跳节点	出现次数
p74	3	p84	2	p77	4	p88	2
p79	5	p96	3	p30	3	p84	2
p41	5	p52	3	p84	6	p13	2
p96	4	p84	3	p86	4	p60	2
p90	5	p89	3	p87	5	p31	3

接下来，对学生源节点的第二跳节点进行统计分析，如表 5-2 所示。例如，当源节点为 p5 时，共发送 5 条消息，其第二跳节点分别为 p94 与 p46，且 p94 为第二跳节点共有 3 次，p46 为第二跳节点共有 2 次。说明第二跳节点也有较大的重复率，路径较为稳定。

表 5-2　第二跳节点重复情况统计

源节点	发送消息个数	第二跳节点	出现次数	源节点	发送消息个数	第二跳节点	出现次数
p2	6	p15	2	p32	7	p25	2
p4	6	p13	3	p33	3	p12	2
p5	5	p94	3	p37	8	p12	2
		p46	2	p39	3	p46	2
p8	5	p82	2	p59	7	p65	2
p9	8	p51	3	p67	7	p90	2
p11	4	p35	2			p14	2
p12	5	p15	2	p68	6	p72	2
p14	10	p13	2	p71	4	p27	2
p17	6	p12	3	p74	3	p55	2
p18	3	p15	2	p79	5	p4	4
p20	4	p70	2	p82	8	p43	4
p21	8	p48	3	p84	6	p13	2
p24	6	p84	2	p90	5	p15	2
p29	5	p12	2	p96	4	p60	2

随后，对学生源节点的第三跳节点进行统计分析，如表 5-3 所示。除表中所示情况外，第三跳节点已无明显规律。可以看到，存在重复情况的节点重复率也很低。例如，当源节点为 p14 时，发送了 10 条消息，第三跳节点相同即为 p15 的次数仅为 2。因此研究结果显示，当到达第三跳节点时，路径随机性较高。同时，分析第四跳及以上节点发现，第四跳及以上节点无重复情况，说明多跳之后的学生节点关联度对于总关联度的研究意义不大。

表 5-3　第三跳节点重复情况统计

源节点	发送消息个数	第三跳节点	出现次数	源节点	发送消息个数	第三跳节点	出现次数
p0	4	p15	2	p27	9	p56	2
p5	5	p40	1	p32	7	p1	2
p8	5	p15	2	p37	8	p4	2
p14	10	p15	2	p69	6	p82	1
p24	6	p40	1	p90	5	p73	2

综合分析，由于当消息传输时长较大时，其消息传递的成功率将明显下降。同时，由于在对学生节点关联度 R_{dn} 的计算中，随着跳数增多，时间复杂度会急剧升高，故对 R_{dn} 进行计算时，要完成一条消息的传递，其经过的跳数越多，对消息的成功传递越没有意义。

学生节点关联度越大，其接触可能性就越大，即可接触性越强。因此，学生节点可接触性 C_{dn} 定义为在消息传输过程中，当前学生节点三跳节点内能够接触到目的节点的关联度。为方便理解，将学生节点关联度 R_{dn} 稍作修整，学生节点 d 对于学生节点 n 的可接触性进行如下计算：

$$
\begin{aligned}
C_{dn} &= r_{1n} + r_{2n} + r_{3n} \\
&= \frac{l_{1n}}{l_1} + \sum_{i=1}^{f} \frac{l_{1i}}{l_1} \cdot \frac{l_{1i} \cdot l_{2n}}{l_{1i} \cdot l_2} + \sum_{j=1}^{a} \frac{l_{i21}}{l_1} \left(\sum_{k=1}^{g} \frac{l_{1j} \cdot l_{2n}}{l_{1j} \cdot l_2} \cdot \frac{l_{1j} \cdot l_{2k} \cdot l_{3n}}{l_{1j} \cdot l_{2k} \cdot l_3} \right)
\end{aligned} \tag{5-2}
$$

其中：

（1）当学生节点 d 的第一跳包含学生节点 n 时，l_1 为学生节点 d 发出消息的总次数，l_{1n} 为学生节点 d 第一跳就接触到学生节点 n 的次数。

（2）当学生节点 d 的第二跳包含学生节点 n 时，f 为学生节点 d 的第二跳是学生节点 n 的路径总条数，l_{1i} 为当前路径中对应的第一跳与学生节点 d 的接触次数。$l_{1i} \cdot l_2$ 为当前路径中第一跳与其下一跳节点，即学生节点 d 的第二跳的总接触次数。$l_{1i} \cdot l_{2n}$ 为当前路径中第一跳接触到下一跳，即学生节点 d 的第二跳，是学生节点 n 的次数。

（3）当学生节点 d 的第三跳包含学生节点 n 时，g 为学生节点 d 的第三跳，是学生节点 n 的路径总条数，l_{1j} 为当前路径中对应的第一跳与学生节点 d 的接触次数。$l_{1j} \cdot l_2$ 为当前路径中第一跳与其下一跳节点，即该路径中学生节点 d 的第二跳的总接触次数。$l_{1j} \cdot l_{2n}$ 为当前路径中第一跳接触到下一跳，即学生节点 d 的第二跳，是学生节点 n 的次数。$l_{1j} \cdot l_{2k} \cdot l_3$ 为当前路径中第二跳与其下一跳节点，即该路径中学生节点 d 的第三跳的总接触次数。$l_{1j} \cdot l_{2k} \cdot l_{3n}$ 为当前路径中第二跳接触到下一跳，即学生节点 d 的第三跳，是学生节点 n 的次数。

学生节点可接触性示例如图 5-4 所示，学生节点 d 到达学生节点 n 的路径分布如下：第一，一跳到达，d-n；第二，二跳到达，d-1-n；第三，三跳到达，d-1-3-n。

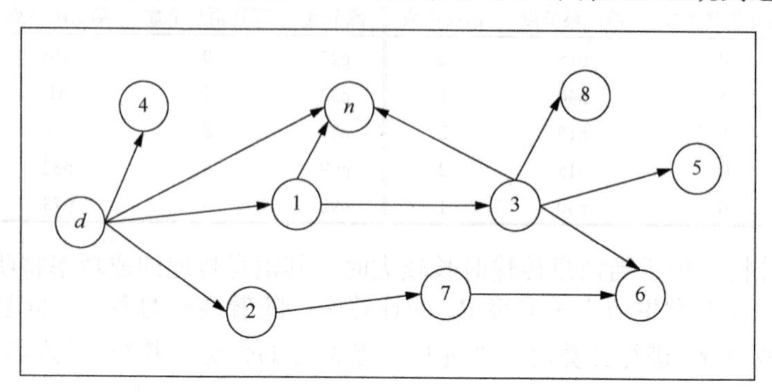

图 5-4　学生节点可接触性示例

学生节点的可接触性 C_{dn} 反映了与该学生节点接触过的所有节点中，任意节点与该学生节点的接触关系，以及该学生节点所有接触关系中所占的权重。C_{dn} 值越高，说明与该学生节点接触越密切。

设学生节点 d 一跳接触的节点个数为 e，根据表 5-1～表 5-3、图 5-4 及计算可将学生节点 d 对于学生节点 n 的关系分为四类：

（1）$C_{dn} \geqslant \frac{l_1}{e}$ 时，可认为学生节点 n 为学生节点 d 的强接触学生节点，其主要为第一跳接触的重复率较大的节点。

（2）$\frac{l_1}{e} > C_{dn} \geqslant \frac{l_{1i} \cdot l_2}{l_{1i}}$ 时，可认为学生节点 n 为学生节点 d 的较强接触学生节点，其主要为第一跳接触较少或第二跳重复接触的节点。

（3）$\frac{l_{1i} \cdot l_2}{l_{1i}} > C_{dn} \geqslant \frac{l_{1j} \cdot l_{2k} \cdot l_3}{l_{1i} \cdot l_{2k}}$ 时，可认为学生节点 n 与学生节点 d 互为可接触学生节点，其主要为第二跳接触较少或第三跳重复接触的节点。

（4）$\frac{l_{1j} \cdot l_{2k} \cdot l_3}{l_{1i} \cdot l_{2k}} > C_{dn}$，可认为学生节点 n 与学生节点 d 互为弱接触学生节点，其主要为第三跳接触较少的节点或三跳以上接触的节点。

由学生节点可接触性和消息传递情况统计可知，当两节点至少互为可接触节点时，其接触才可信任，才可保证对信息的充分传输。当两节点互为可接触节点时，研究其学生节点的声望值、学习情况、节点中心性等对对方节点才有意义。

学生节点的可接触性主要反映了节点间接触机会的大小。例如，在同一社团的学生，虽然都关注社团的活动，但由于社团人员众多，两个节点分布在不同部门，那么这两个节点有一定的节点关联度，但其可接触性大大降低，就会使得整体的消息传播效果较差。节点可接触性是对节点关联度的改进和更新，主要目的就是使学生节点的关联度更大，并且也可接触。

5.3　学习 Lead 指数与学习中心性

学习 Lead 指数[76]即节点的学习者声望，反映了节点在协作学习过程中与其他节点的互动情况，可以认为其主要与被提问次数、回复问题次数、回复认同率、被提问次数与提问次数的比值和未回复次数相关，主要思想是其与被提问次数、回复问题次数、回复认同率、被提问次数与提问次数的比值呈正相关，与未回复次数呈负相关，学习 Lead 指数 L_i 可定义为

$$L_i = \varepsilon \cdot T_i \cdot \frac{T_i}{Q_i} \cdot \frac{H}{T_i - H_i} \cdot \frac{t_i}{H_i - t_i} = \frac{\varepsilon T_i^2 H_i t_i}{Q_i (T_i - H_i)(H_i - t_i)} \tag{5-3}$$

式中，L_i 为 i 节点的学习 Lead 指数；T_i 为 i 节点的被提问次数；H_i 为 i 节点的回复问题次数；t_i 为 i 节点回复的被认同次数；$t_i / (H_i - t_i)$ 为被认同次数与不被认同次数的比值；Q_i 为 i 节点的提问次数；ε 为学习 Lead 指数的参数。参数 ε 可根据节点的稀疏情况、节点之间的互动情况、节点之间学习整体情况进行调整。

L_i 反映了节点的被提问次数与回复问题次数，以及回复的准确性。由被提问次数、回复问题次数、回复的准确性三者相互影响，即回复问题次数降低时，被提问次数也将降低，回复准确性较低时，被提问次数也将降低。因此，该值越高，则说明该节点的被提问次数、回复问题次数、回复的准确性均越高。

根据学习 Lead 指数 L_i 与可接触性可以创建学习中心性 LV_i，对 LV_i 定义如下：

$$\mathrm{LV}_i = \sum_{j=1}^{N-1} L_j C_{ij} \tag{5-4}$$

式中，L_j 为节点 j 的学习 Lead 指数；C_{ij} 为学生节点 i 与 j 的可接触性。设节点的总个数为 N。因为节点可接触性是按比例计算的，所以与该节点所接触的节点个数无关。节点可接触性较高时，说明与该节点接触的节点学习 Lead 指数 L_i 均较高，且与该节点接触较为密切。

通过分析学习 Lead 指数的影响因素可以看到，学习 Lead 指数主要体现在学生的综合评价是否优秀。例如，学生被提问次数、回复的准确性等都表明该学生学习成绩是否优秀以及是否被大家认可，该节点如果还有频繁的学习交互，则称其为活跃节点。学习中心性 LV_i 综合考虑了学生的综合成绩与可接触性，体现出学生节点不仅成绩好，对于所遇节点还是可接触的。

5.4　节点接触中心性

在移动社会网络的校园社区中研究协作学习，节点的中心性程度可近似认为是该节点与其他节点的接触能力，可以认为节点所能接触的节点数量越多，则该节点的中心性程度越高。同时，应当对该节点与其他节点接触的质量、邻居节点的度等情况进行考虑，对节点接触中心性CV_i的计算定义如下：

$$\mathrm{DE}_j=\frac{d_j}{G-1} \tag{5-5}$$

$$\mathrm{CV}_i=\sum_{j=1}^{N-1}C_{ij}\mathrm{DE}_j \tag{5-6}$$

式中，DE_j为节点j的度中心性；d_j为节点j的接触节点个数；G为节点的总个数；N为节点i可接触到的节点个数；C_{ij}为节点j对节点i的可接触性；CV_i为节点i的节点接触中心性。

由于节点接触中心性是按比例计算的，所以该值与该节点所接触的节点个数无关，但该值如果较高，则说明该节点所接触的节点的中心性程度均较高，且与该节点关系较为密切，即该节点可以间接且稳定地接触到更多的节点。节点接触中心性综合了节点的可接触性与中心性，主要体现出该节点接触其他节点的能力以及与当前节点是否可接触。例如，有的学生本人综合成绩并不优秀，但该生善于结交朋友，人际关系良好，能够接触到很多成绩优秀的同学，那么该节点在消息传输过程中也能发挥很大的作用。

5.5　本 章 小 结

本章面向校园机会网络，首先，依据学生节点之间传递消息所需跳数及其形成路径的边的权值设计节点间的关联度，同时分析消息传递所需跳数与消息传递成功率之间的关系，并据此修改节点的可接触性。其次，根据节点协作学习中与节点互动所产生的行为参数，如被提问次数、回复问题次数等对学习 Lead 指数进行定义。最后，通过分析节点度中心性，结合节点可接触性得到节点接触中心性的定义。

第 6 章　校园 TOP-K 节点发现算法

本章依据第 5 章提出的节点影响力的因素，提出若干校园 TOP-K 节点发现算法，并开展实验验证其有效性。

6.1　一般更新算法

为了确定在移动社会网络中的高影响力节点，一般更新算法（Ye）将所有节点结合起来，寻找总体上的 TOP-K 节点，且不对传输路径做处理。该算法的基本思想是每个节点均保持序列 $T(n,L_n)$，且节点数不多于 k 个。将每个节点所保持的 $T(n,L_n)$ 序列中的 TOP-K 节点按照学习 Lead 指数 L_i 值进行排序，当任意两个节点相遇时，交换彼此的 L_i 值。如果对方的 L_i 值大于 $T(n,L_n)$ 中最后一个节点的 L_i 值，则对 $T(n,L_n)$ 序列进行更新，并依据对方的 $T(n,L_n)$ 序列对自身所保持的 $T(n,L_n)$ 序列进行更新。

对一般更新算法表述见算法 6-1。

算法 6-1　一般更新算法

```
1:     While node_i contact_with node_ j do:
2:       Update Ti (n, Ln)
3:           If(j∈in), Update Ti(n, Ln) with (node_j, Lnode_j)
4:           Else if(in<k), Add Ti(n, Ln) with (node_j, Lnode_j)
5:           Else if(Lnode_j>LTi_n)
6:               Delete (Ti_n, LTi_n) from Ti(n, Ln),and add (node_j, Lnode_j)
to Ti(n, Ln)
7:           End if
8:       Receive Tj(n, Ln) from node_j
9:           If (Tj-Ti∩Tj≠null)
10:              Update Ti(n, Ln) With Tj-Ti∩Tj
11:          End if
12:    end while
```

该算法的优点是经过不断与其他节点进行接触，每个节点都将保持较为准确的、整个社区 L_i 值最高的 TOP-K 节点，且算法复杂度较低。缺点是只考虑到了学习 Lead 指数 L_i 值，即只关注学生成绩是否优秀，而没有考虑节点之间的关系，若找到的 TOP-K 节点与该节点的社会关系较弱，则其也不愿为该节点回答问题，

TOP-K 节点便失去意义。

6.2　传统更新算法

传统更新算法（Tua）基于节点的可接触性进行研究。每个节点保持三跳信息，每个节点中选择自身的 TOP-K 节点，不再查找整体的 TOP-K 节点。当两节点互为可接触节点时，其接触才具有可信任性，才可保证信息的充分传输。因此，每个节点只保持三跳的信息，并通过每次接触对每个节点自身的整体接触情况进行更新。由于每个节点均保持自身的 TOP-K 节点，不寻找整体的 TOP-K 节点，故该算法能够确保消息的充分传输。传统更新算法需考虑其所保持节点的学习 Lead 指数 L_i 与节点可接触性 C_i。

每个节点对每个所接触的节点均保持四元信息参数 $\mathrm{GuY}(i,\mathrm{Hc}_i,C_i,L_i)$。$\mathrm{Hc}_i$ 为当前节点对于该节点的跳数，C_i 为当前节点对于该节点的可接触性。首先，当任意两个节点接触时，分别交换其 Hc_i 值为 1、2 的节点，即相互交换一、二跳节点信息。其次，将所遇节点的一、二跳节点分别加 1，作为自身的二、三跳节点添加到自身所保持的节点序列中。最后，对可接触性进行更新，并将自身所保持的所有节点依据 L_i 值进行排序。对传统更新算法表述见算法 6-2。

算法 6-2　传统更新算法

```
1:    While node_i contact_with node_ j do:
2:      Update GuYi(in,Hcin,Cin,Ln) With (j,1,Cij,Lj)
3:      Receive GuYj(jn,Hcjn,Cjn,Ln) from nj
4:      If(n>0),then Update GuYi(in,Hcin,Cin,Ln) With GuYj(jn,Hcjn,
Cjn,Ln)
5:      While(0≤k≤jn)
6:        If(ni∩k==null), add (k,Hck+1,Cij·Cjk , Lk) to GuYi(in,Hcin,
Cin,Ln)
7:        End If
8:        If(ni∩k≠null)
9:            If(Hcik-Hcik==2),then update (k,Hck+1,Cij+Cij·Cjk , Lk) to
GuYi(in,Hcin,Cin,Ln)
10:           Else update (k,Hcik,Cij+Cij·Cjk , Lk) to GuYi(in,Hcin, Cin,Ln)
11:            End if
12:         End if
13:     End While
14:     Sort_ GuYi(in,Hcin,Cin,Lin)from large to small according to Lin
15:   End while
```

该算法的优势在于可以对消息进行充分传输，即寻找自身的 TOP-K 节点序列。其不仅考虑到学习 Lead 指数，即该学生节点综合成绩是否优秀，还考虑到优秀节点是否是自身可接触的。但是，它的缺点是无法保证获得回复的质量，即所接触节点是否为活跃节点，是否愿意回复消息。

6.3　基于可接触性和学习中心性的更新算法

在基于可接触性和学习中心性的更新算法（Nla）中，每个节点依照学习中心性 LV_i 值选择自身的 TOP-K 节点序列。其基本思想是每个节点只保持三跳的信息，并通过每次接触对每个节点自身的接触情况进行更新。每个节点均对其所接触过的所有节点保持五元信息参数 $\mathrm{GUK}(i,\mathrm{Hc}_i,C_i,L_i,\mathrm{LV}_i)$。同样地，当任意两个节点接触时，分别交换其 Hc_i 值为 1、2 的节点，即相互交换一、二跳节点信息。再将所遇节点的一、二跳节点分别加 1，作为自身的二、三跳节点添加到自身所保持的节点序列。最后，将所有节点分别依据 L_i 值、LV_i 值进行排序，生成序列 T_1、T_2。

每个节点发送的消息均为包含二级目的节点的消息 Mesg(resc,tar1,tar2)。其中，resc 为源节点，tar1 为第一目的节点，tar2 为第二目的节点。第一目的节点分别为其所保持的 T_2 序列的 TOP-K 节点，当节点收到第一目的节点为自身的消息时，将该消息发送至目的节点为自身保持的 T_1 序列的 TOP-K 节点。

基于可接触性和学习中心性的更新算法设计详见算法 6-3。

算法 6-3　基于可接触性和学习中心性的更新算法

```
1:    While node_i contact_with node_ j do:
2:       Update GuYi(in,Hcin,Cin,Ln) With (j,1,Cij,Lj,Lvj)
3:       Receive GuKj(jn,Hcjn,Cjn,Ln, LVn) from jn
4:       If(n>0), then Update GuKi(in,Hcin,Cin,Ln,LVn) With GuKj(jn,
Hcjn,Cjn,Ln,LVn)
5:       While(0≤k≤jn)
6:         If(ni∩k==null), add (k,Hck+1,Cij·Cjk,Lk,LVk) to GuKi(in,
Hcin,Cin,Ln,LVn)
7:         End If
8:         If(ni∩k≠null)
9:             If(Hcik-Hcik==2),then update (k,Hck+1,Cij+Cij·Cjk , Lk, LVk)
to GuYi(in,Hcin,Cin,Ln, LVn)
10:            Else update (k,Hcik,Cij+Cij·Cjk ,Lk,LVk) to GuYi(in,Hcin,Cin,
Ln,LVn)
11:             End if
12:         End if
```

```
13:    End While
14:    Update k1,k1=Sort_ GuYi(in,Hcin,Cin,Ln,LVn)from large to small
according to Ln
15:    Update k2,k2=Sort_ GuYi(in,Hcin,Cin,Ln,LVn)from large to small
according to LVn
16:   End while
17:   While node_i receive Message Mesg_Qm(rescm,tar1m,tar2m)
18:     If(node_i≠tar1∪node_i≠tar2)
19:       Send Message Mesgm(rescm,tar1m,tar2m)
20:     Else if(node_i==tar1)
21:       Update Mesgm(rescm,tar1m,tar2m) with K2(in,Hcin,Cin,Ln, LVn)
22:     Else if(node_i==tar2)
23:       Reply Mesg_Rm (node_i,tar1m,rescm)
24:     End if
25:   End while
```

算法 Nla 的优势在于其可以对消息进行较为充分的传输，由于不仅考虑了学习 Lead 指数、节点可接触性，还考虑了学习中心性，故其获得回复的消息质量在一定程度上可得到较大的提高。所得到的 TOP-K 节点序列，不但能够接触到学生综合成绩较好的节点，还考虑了该节点是否为活跃节点，是否愿意回复其他节点。但是，算法 Nla 的时间复杂度、空间复杂度、消息延时相较算法 Ye、Tua 均得到较大增加。同时，算法 Nla 只寻找自身 TOP-K 节点序列，未考虑整体 TOP-K 节点序列的影响。

6.4　进化式算法

进化式算法（Nc）的基本思想是每个节点保持两个节点序列 $k1(n,L_n)$、$k2(m,\mathrm{Hc}_m,C_m,\mathrm{CV}_m)$。$k1$ 为按学习 Lead 指数，即 L_i 值排列的 TOP-K 节点序列，当任意两个节点相遇时，交换彼此的 L_i 值。如果对方的 L_i 值大于 $k1(n,L_n)$ 中的最后一个节点的 L_i 值，则对 $k1(n,L_n)$ 序列进行更新，并依据对方的 $k1(n,L_n)$ 序列对自身序列进行更新。$k2$ 为节点接触中心性排序，考虑当节点的接触关系弱于“可接触节点”时，节点之间的接触不具有可靠性，因此 $k2$ 只对接触强度大于“可接触节点”的节点进行考虑。对于 $k2$ 序列，当任意两个节点接触时，分别交换其 Hc_m 值为 1、2 的节点，即相互交换一、二跳节点信息，将其添加到自身所保持的节点序列，作为自身的二、三跳节点。分别对 Hc_m 与 C_m 进行更新，然后将所有节点依据 CV_m 值进行排序。

当节点发送提问消息时，先查看 $k1$ 序列的节点是否存在于 $k2$ 序列，若存在，则可直接发送提问请求，若不存在，则将目的节点标记为*k*1 序列的节点，设置中介目的节点为*k*2 序列的 TOP-K 节点，并对中介目的节点发送提问请求。

进化式算法设计详见算法 6-4。

算法 6-4　进化式算法

```
1:    While node_i contact_with node_ j do:
2:      Update k1_i(n,L_n)
3:          If(j∈i_n), Update k1_i(n,L_n) with (node_ j,L_node_ j)
4:          Else if(i_n<k),Add T_i(n,L_n) with (node_ j,L_node_ j)
5:          Else if(L_node_j>L_Ti_n)
6:              Delete (T_i_n, L_Ti_n) from T_i(n, L_n),and add (node_ j, L_node_ j)
to T_i(n, L_n)
7:          End if
8:       Receive T_j(n,L_n) from node_ j
9:          If (T_j-T_i∩T_j≠null)
10:              Update T_i(n,L_n) With T_j-T_i∩T_j
11:          End if
12:      Update k2(m,Hc_m,C_m,CV_m)
13:         Update k2_i(m,Hc_m,C_m,CV_m) With (j,Hc_j,C_j,CV_j)
14:         Receive k2_j(m,Hc_m,C_m,CV_m) from node_ j
15:         If(j_m>0),then Updae k2_i(m,Hc_m,C_m,CV_m) With k2_j(m,Hc_m,C_m,CV_m)
16:         While(0<k≤j_m)
17:            If(mi∩k==null), add (k,Hc_k+1,C_ij·C_jk,CV_k) to k2_i(m,
Hc_m,C_m,CV_m)
18:            End If
19:            If(mi∩k≠null)
20:                If(Hc_ik-Hc_ik==2)
21:                    update (k,Hc_k+1,C_ij+C_ij·C_jk,CV_k) to k2_i(m,Hc_m,
C_m,CV_m)
22:                Else
23:                End if
24:            End if
25:         End While
26:         Sort_ k2_i(m,Hc_m,C_m,CV_m)from large to small according to CV_m
27:   End while
```

Nc 算法不仅将所有节点结合起来，寻找总体上的 TOP-K 节点序列，而且也对每个节点寻找自适应的传播路径。该算法不仅考虑了学习 Lead 指数、节点可接触性、学习中心性，还考虑了节点接触中心性，并考虑到自身 TOP-K 节点序列并不一定优于整体 TOP-K 节点序列的传播能力。因此，考虑多个节点影响衡量因素，且综合考察自身 TOP-K 节点序列与整体 TOP-K 节点序列，消息回复质量与传播质量在一定程度上均可得到较大的提高。

6.5 实验描述

分别使用 MIT Reality 数据集对上述算法进行仿真，并对实验的主要步骤进行如下描述。

（1）对于任意节点的任意提问消息，标记为Q，记为Q型消息。

（2）为每个节点随机设定回复消息概率ε（$0\leqslant\varepsilon\leqslant1$）（根据$\varepsilon$值对是否回复消息进行随机设定）。

（3）对于消息的回复准确率η（$0\leqslant\eta\leqslant1$），根据η对回复消息正确值进行随机设定，并对最终值进行四舍五入。当大于等于 0.5 时，将其置为 Rep-T 型消息；当小于 0.5 时，将其置为 Rep-F 型消息，并对其进行回复。节点回复消息概率ε会随着H_i / T_i的值变化而逐渐变化，并最终等同于该值。消息的回复准确率η也会随着$\sum T / H_i$的值不断变化而变化，并最终等同于该值。

（4）当提问者节点收到 Rep-T 型消息时，记做一次成功答复；当提问者节点收到 Rep-F 型消息时，记做一次错误答复。

（5）对Q型消息、Rep-T 型消息、Rep-F 型消息进行次数统计，其各影响因素如下：

$\sum Q$型消息的次数代表总提问次数；

$\left(\sum \text{Rep-T} + \sum \text{Rep-F}\right) / \sum Q$代表消息递交率；

$\sum \text{Rep-T} / \sum Q$代表成功回复消息的概率；

$\sum \text{Rep-T} / \left(\sum \text{Rep-T} + \sum \text{Rep-F}\right)$代表回复消息的准确度情况。

（6）选择 EpidemicRouter、SprayAndWaitRouter、DirectRouter 作为实验路由进行研究：

① 对上述路由方式随机选择目的节点，然后对Q_1、Rep-T_1、Rep-F_1进行统计；

② 对上述路由方式用 Ye 算法计算目的节点，然后对Q_2、Rep-T_2、Rep-F_2进行统计；

③ 对上述路由方式用 Tua 算法计算目的节点，然后对Q_3、Rep-T_3、Rep-F_3进行统计；

④ 对上述路由方式用 Nla 算法计算目的节点，然后对Q_4、Rep-T_4、Rep-F_4进行统计；

⑤ 对上述路由方式用 Nc 算法计算目的节点，然后对Q_5、Rep-T_5、Rep-F_5进行统计。

同时，对仿真参数和数据集介绍如表 6-1 所示。

表 6-1　仿真参数和数据集介绍

仿真参数	相关值
数据集	infocome06
节点数目	97
实验范围	3000m×2000m
通信方式	蓝牙
仿真时长	259200s（3 天）
仿真环境	The ONE
回复消息概率初始值 ε	0.5
回复准确率初始值 η	0.5
消息大小	50KB～5MB
更新间隔	300～5000s
传输速度	200KB/s
传输范围	50m
传输能量值	50000

6.6 实验结果

由于对路由算法与 k 值选择的不同，会对 Q、Rep-T、Rep-F 的情况产生影响，因此需要对每个算法分别进行统计。

（1）当 k=4，EpidemicRouter 为实验路由时，统计分析消息递交率如图 6-1 所示，回复准确率如图 6-2 所示。

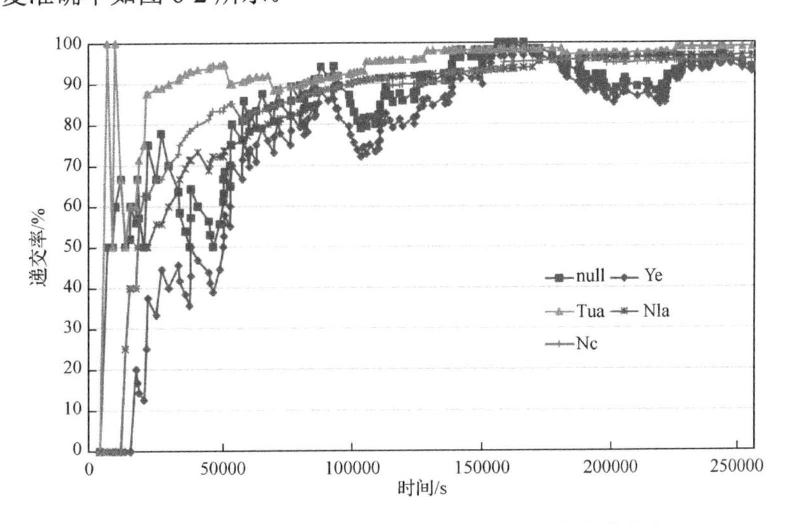

图 6-1　k=4，路由为 EpidemicRouter 时的消息递交率

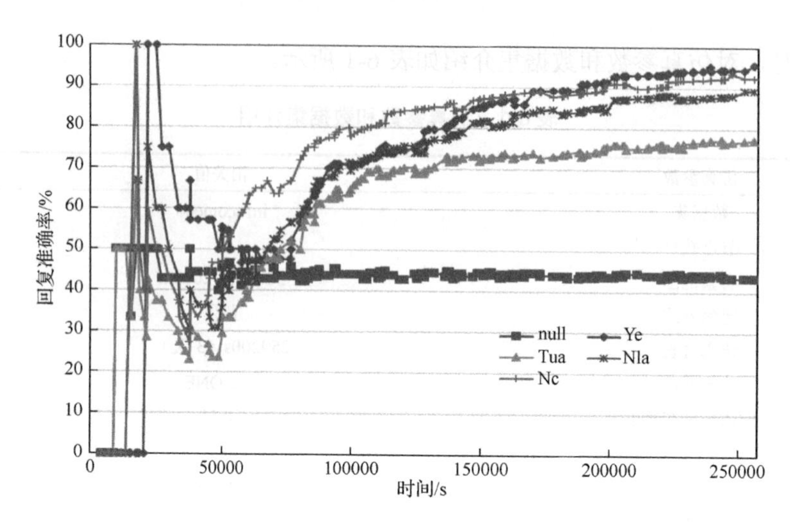

图 6-2　k=4，路由为 EpidemicRouter 时的回复准确率

从图 6-1 与图 6-2 中可以看出，每种算法的递交率情况相仿，其中不采用任何算法（null）与采用 Ye 算法寻找 TOP-K 节点序列时的递交率情况稍差。针对回复准确率，不采用任何算法时回复准确率较低，采用 Ye 算法、Nc 算法的回复准确率较高，稳定后可达到 90%以上，Nla 算法得到的回复准确率在稳定后也可接近 90%，Tua 算法得到的回复准确率较差，稳定后仅为 78%。综合分析，Nc 算法明显优于其他算法。

（2）当 k=4，SprayAndWaitRouter 为实验路由时，统计分析消息递交率如图 6-3 所示，回复准确率如图 6-4 所示。

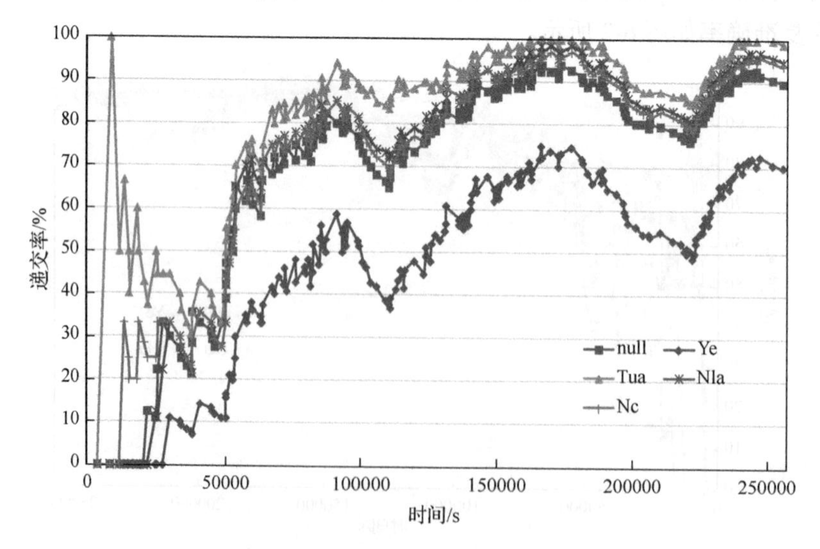

图 6-3　k=4，路由为 SprayAndWaitRouter 时的消息递交率

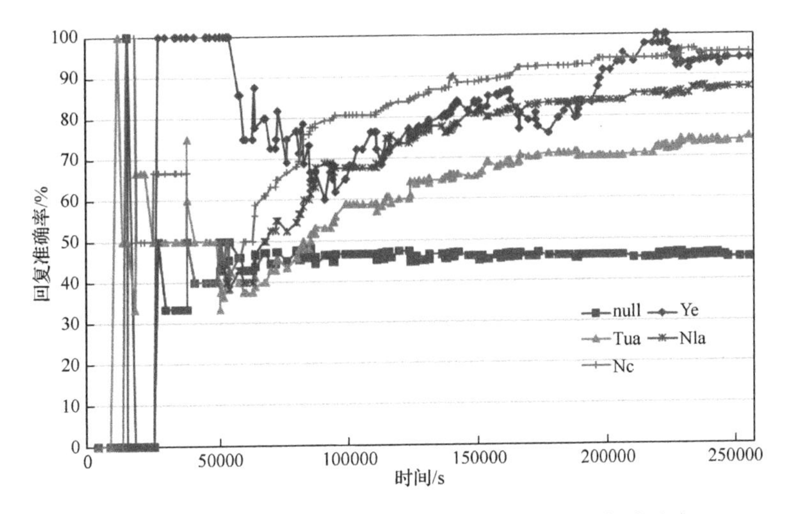

图 6-4　*k*=4，路由为 SprayAndWaitRouter 时的回复准确率

从图 6-3 与图 6-4 中可以看出，Tua 算法的递交率情况最好，Nla 算法与 Nc 算法的递交率情况相似，Ye 算法的递交率情况较差。Nc 算法与 Ye 算法的回复准确率最高，其中 Ye 算法的波动较大，通过对消息递送报告进行分析可知，出现这种情况的主要原因是消息递交率情况较差，存在部分回复准确率高的节点无法进行回复，而回复准确率较低的节点可以回复。综合分析，Nc 算法优于其他算法。

（3）当 *k*=4，DirectRouter 为实验路由时，统计分析消息递交率如图 6-5 所示，回复准确率如图 6-6 所示。

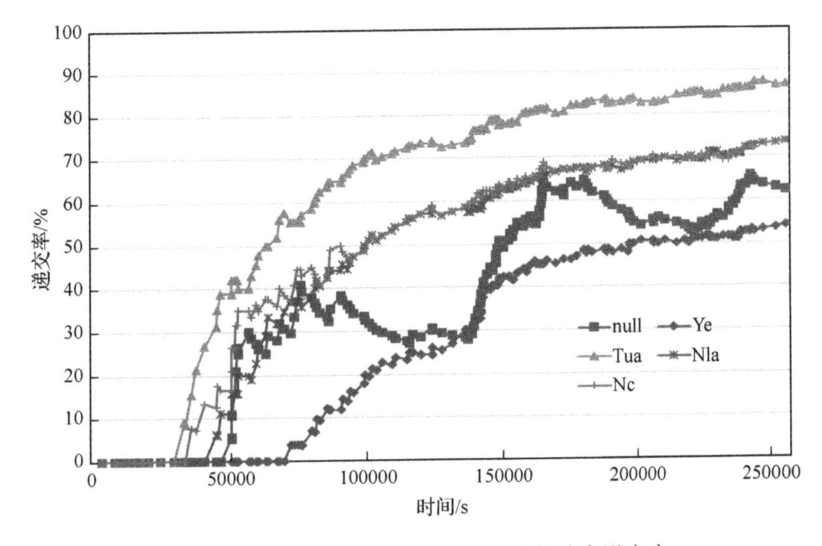

图 6-5　*k*=4，路由为 DirectRouter 时的消息递交率

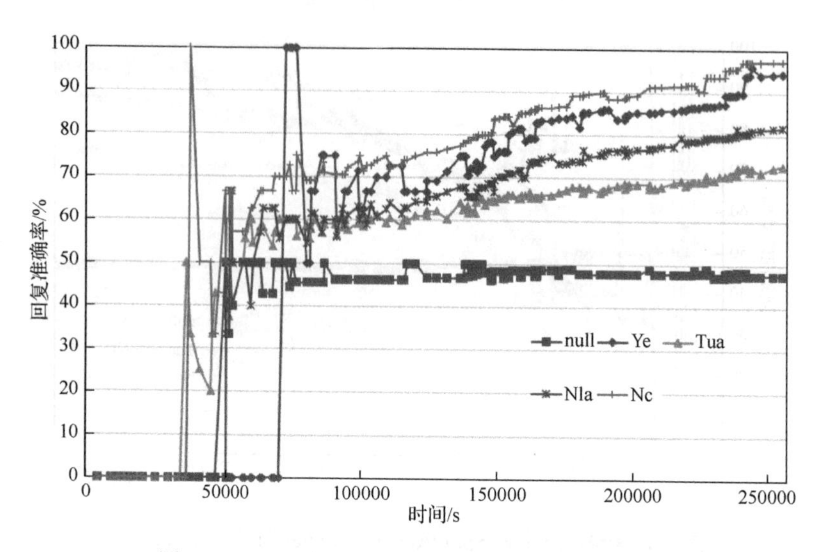

图 6-6　k=4，路由为 DirectRouter 时的回复准确率

由图 6-5 和图 6-6 可知，Tua 算法的递交率明显较高，稳定后可达到 87%，而 Ye 算法的递交率则明显较差，稳定后仅为 52%，Nc 算法与 Nla 算法的递交率情况相似，稳定后均为 73%。Nc 算法与 Ye 算法的回复准确率情况相似，稳定后可达到 95%且 Nc 算法较为稳定，Nla 算法得到的回复准确率稳定后可达到 82%，Tua 算法得到的回复准确率较差，在稳定后仅为 72%，而不采用任何算法，任意选择目的节点时，回复准确率稳定后仅为 48%。综合分析，Nc 算法优于其他算法。

（4）当 k=10，EpidemicRouter 为实验路由时，统计分析消息递交率如图 6-7 所示，回复准确率如图 6-8 所示。

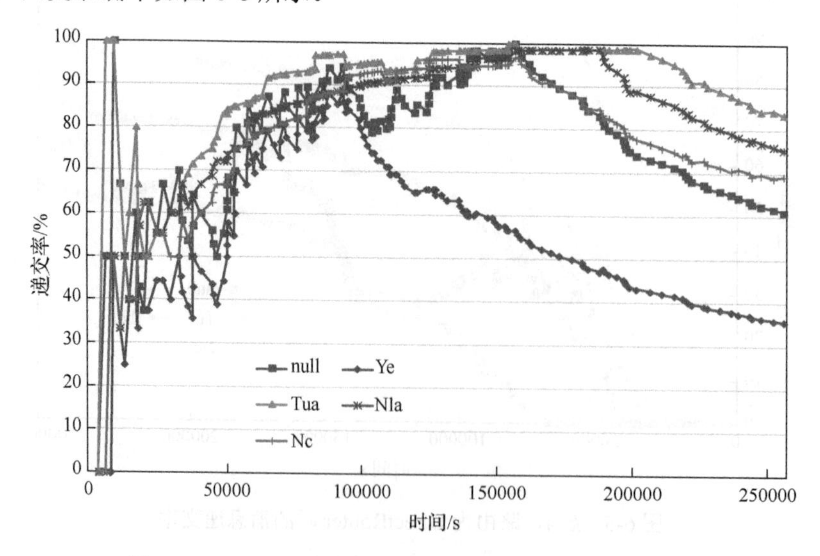

图 6-7　k = 10，路由为 EpidemicRouter 时的消息递交率

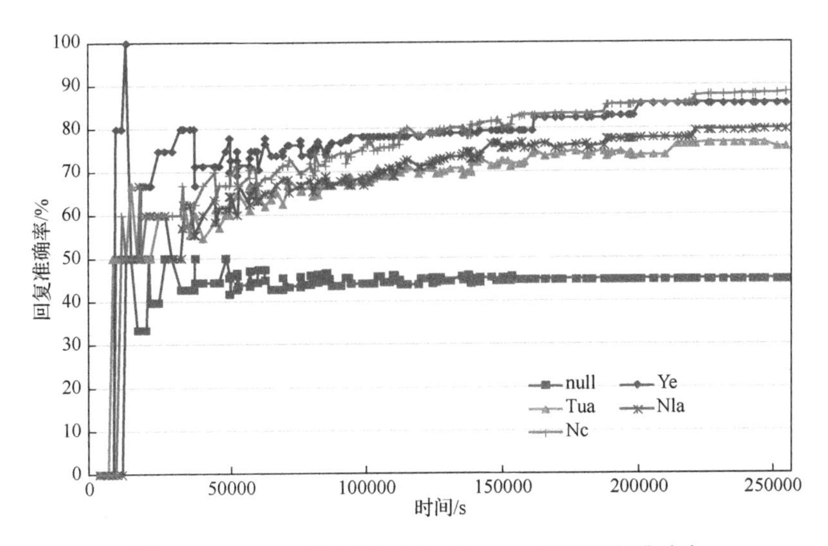

图 6-8　$k=10$，路由为 EpidemicRouter 时的回复准确率

从图 6-7 与图 6-8 中可以看出，Tua 算法的递交率情况最好，Ye 算法的递交率情况最差，且后面落差较大。通过对消息递交报告分析可知，由于消息传递较多，部分节点能量耗尽。Nc 算法与 Ye 算法的消息回复准确率最高，Nla 算法次之，Tua 算法表现最差。从图中可以看出，Ye、Tua、Nla、Nc 等算法得到的回复准确率均相较 k=4 时低，这主要是因为得到的回复较多，而且回复参差不齐。但是综合分析，当 k=10 时，Nc 算法依然优于其他算法。

（5）当 k=10，SprayAndWaitRouter 为实验路由时，统计分析消息递交率如图 6-9 所示，回复准确率如图 6-10 所示。

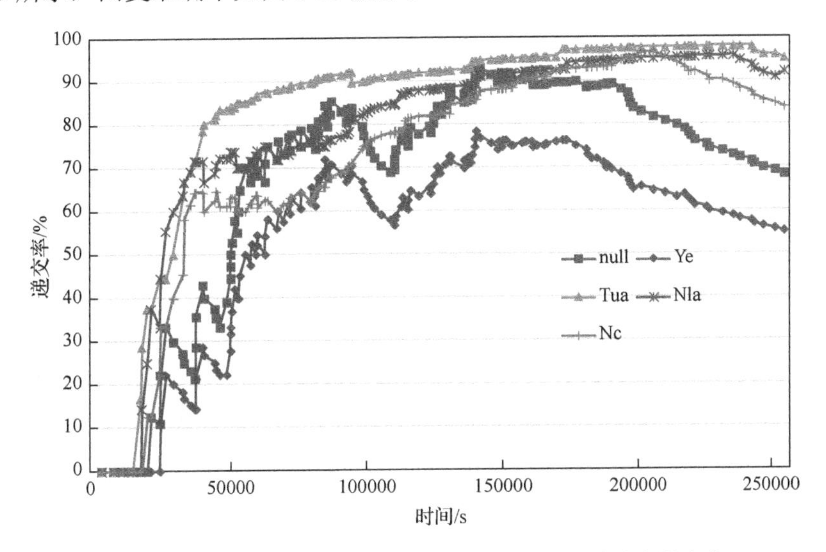

图 6-9　$k=10$，路由为 SprayAndWaitRouter 时的消息递交率

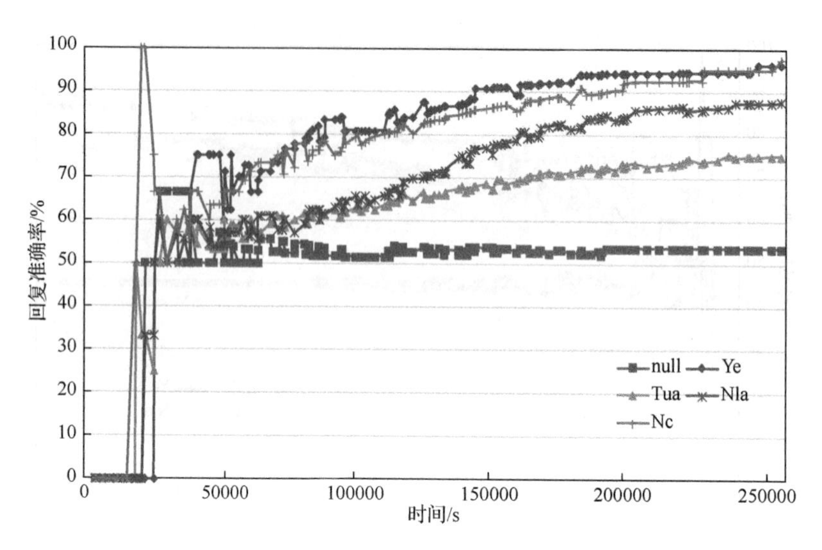

图 6-10　$k=10$，路由为 SprayAndWaitRouter 时的回复准确率

从图 6-9 与图 6-10 中可以看出，Tua 算法的递交率情况最好且能量消耗最慢，Ye 算法的表现最差且能量耗尽最快。针对回复准确率，Nc 算法与 Ye 算法较高，在稳定后可达到 95%，Nla 算法的回复准确率也相对较高，稳定后可达到 88%，Tua 算法的表现较差，回复准确率最高也不足 75%。综合分析，Nc 算法优于其他算法。

（6）当 k=10，DirectRouter 为实验路由时，统计分析消息递交率如图 6-11 所示，回复准确率如图 6-12 所示。

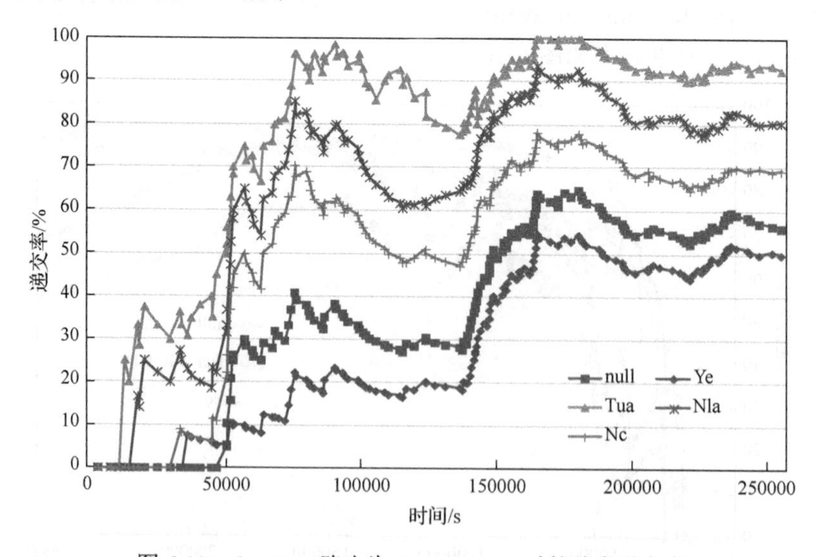

图 6-11　$k=10$，路由为 DirectRouter 时的消息递交率

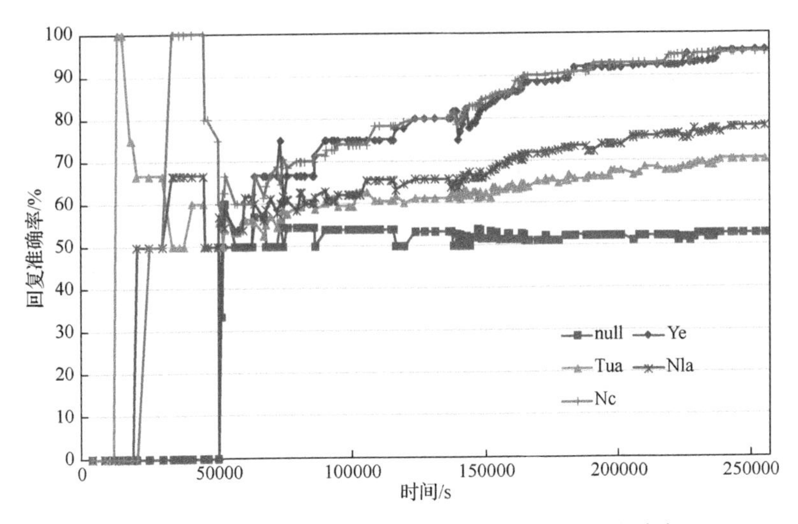

图 6-12　$k=10$，路由为 DirectRouter 时的回复准确率

从图 6-11 与图 6-12 中可以看出，总体的递交率情况均不太稳定，其中 Tua 算法的表现稍好，稳定后递交率可在 90%以上，Nla 算法表现也相对较好，可达到 80%，其余算法均表现较差。Nc 算法与 Ye 算法得到的回复准确率相对较高，可达到 95%，Nla 算法的表现较差，稳定后约为 78%，Tua 算法的表现最差，仅为 70%。

通过对上述 k=4 与 k=10 时的情况进行比较可以发现，k=10 并未在消息递交率或者回复准确率上产生优势。

图 6-13 为对两千余个节点 36h 的通信记录的统计，可以发现大多数节点对于其他节点的接触情况较差。通过统计，H 区域的节点所占比例为 84.87%，所以可以认为大部分节点不仅接触的节点较少，且通信次数也相对较低。因此，当 k 值较高时，该类节点也无法将副本进行传输，从而导致消息大量冗余。其产生的消息过多及回复消息的质量参差不齐，从而容易导致消息递交率和回复准确率较差。

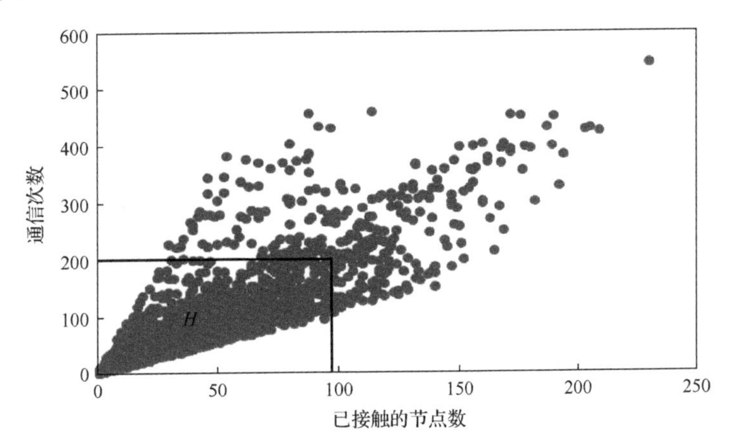

图 6-13　已接触的节点数与通信次数统计

因此，为获得较高的消息递交率和回复准确率，并避免消息的大量冗余，应根据不同节点的接触情况对 k 值进行适当调整。

6.7　本章小结

本章首先介绍了校园 TOP-K 节点发现算法。对于一般更新算法 Ye，节点保持整个社区学习 Lead 指数最高的 TOP-K 节点序列，算法复杂度低，但缺少对节点关系的考虑。对于传统更新算法 Tua，每个节点选择自身的 TOP-K 节点序列，同时考虑学习 Lead 指数和节点可接触性，但无法保证接触节点是否活跃。对于基于可接触性和学习中心性的更新算法 Nla，在 Tua 算法的基础上加入学习中心性参数，节点获得的回复消息质量明显提高，但该算法时间、空间复杂度较高。对于进化式算法 Nc，每个节点同时保持 TOP-K 节点序列和节点中心接触性序列，考虑多个节点影响衡量因素，消息回复质量和传播质量都有较大提升。最后，本章对上述算法选择不同的路由进行仿真实验和结果分析。实验表明，综合情况考虑下，Nc 算法优于其他算法，但 k 值对于不同算法递交率和回复准确率有较大影响。

第7章　基于机会网络的协作学习社区资源扩散机制

7.1　社会网络中的弱连接关系

在校园环境中，虽然人口较为密集且节点的移动更加具有规律性，但在实际传输中，仍然不可避免地会有消息的延迟。由于消息一般都具有时效性，因此如何在校园环境背景下，依据协作学习小组等社区的组网特征，尽快将最有价值的学习资源扩散至感兴趣的节点成为亟待解决的问题。

对于协作学习小组社区，可做出如下假设：由于小组内各个节点之间接触频繁且接触时间较长，因此可以认为小组内节点所保持的资源相同。当节点与小组其他成员节点相遇时，将对方的兴趣类型并入自身所保持的兴趣集中，小组内各个成员的兴趣类型可能存在一定差异，但是小组成员默认为其他小组成员接收信息。

在此，先讨论为什么在资源传播的过程中对节点的选择是至关重要的。

校园中的每个学习者节点往往潜在地处于一定的社交圈内，如同一班级的同学接触的次数会远大于与其他班级同学接触的次数。值得注意的是，实现社区之间的消息传输并不一定依靠社区内的强社交关系，而往往是弱社交关系实现社区之间的消息传输[77]。图 7-1 是一个含有三个社区的社会网络，实线表示节点之间存在的强连接关系，*ac*、*de*、*bf* 之间的虚线表示 3 组跨社区节点之间的弱连接关系。从图中可以看出，虽然 *ac*、*de*、*bf* 的连接关系较弱，但其对这三个社区之间的消息传递起着至关重要的作用。

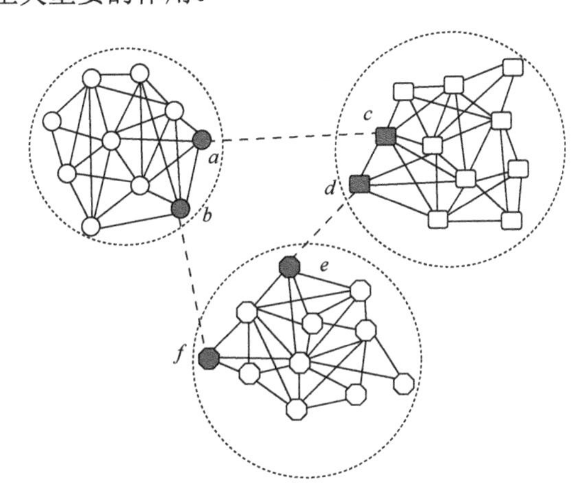

图 7-1　社会网络中的社区关系图

其他学者也对弱连接在信息扩散中的作用进行了探索和研究。例如，Friedkin[78]证明了弱社交关系有助于不同学术群体之间学术信息的传递，文献[79]和[80]所做的研究同样支持弱社交关系有助于信息的扩散。文献[81]和[82]认为弱社交关系更有可能为连接双方提供种类更为丰富多样的资源。因此可以认为，若优先选择对存在弱连接关系的节点进行传输，则会提高拥有消息的社交圈子的异质性，并提高消息扩散的速度，否则将会在一定程度上延缓数据向外扩散的速度，下面举例说明：

图 7-2 中展示的是连续的三个时间片段，其中 a、b 小组间节点接触频繁，c、d 小组间节点接触频繁。a_1 是小组 a 的一个成员，具有要进行传输的学习资源。b_1、c_1、d_1 分别是 b、c、d 小组的成员，且没有 a_1 的学习资源。当 $t=t_2$ 时，a_1 节点选择对 b_1 节点进行传输；当 $t=t_3$ 时，节点 a_1、b_1、c_1、d_1 连接中断，其中 b_1 与 a_2 相遇，c_1、d_1 继续组网。由于 a_2 也具有 a_1 的学习资源，因此 b_1 与 a_2 之间不进行传输，而 c_1、d_1 因为都没有该学习资源，所以也不进行传输。因此，该接触机会被浪费。

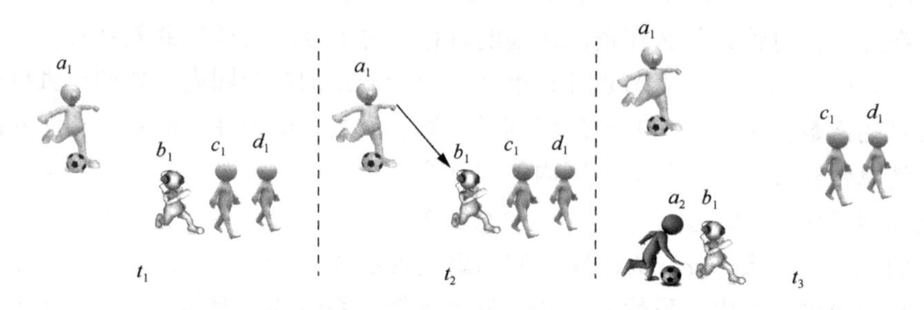

图 7-2　将联系紧密节点作为待传输节点示意图

理想的传输过程如图 7-3 所示，当 $t=t_2$ 时，a_1 节点选择对 c_1 节点进行传输，当 $t=t_3$ 时，由于 a_2 也具有 a_1 学习资源，因此 a_2 对 b_1 进行传输，而 c_1 也具有学习资源，所以 c_1 对 d_1 进行传输。

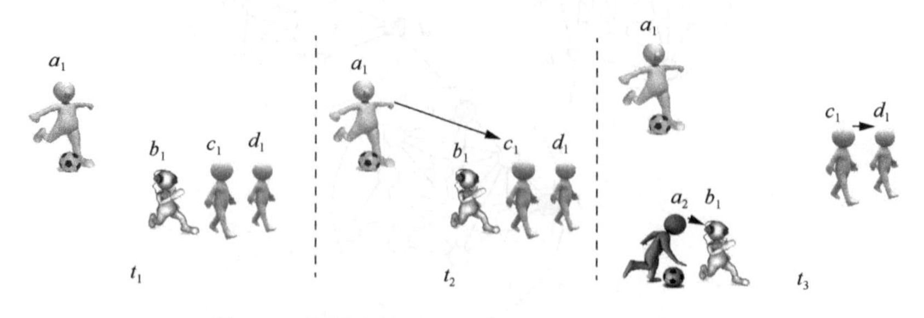

图 7-3　将弱连接节点作为待传输节点示意图

在校园中，由成百上千个协作学习小组组成的真实网络接触情况远比上述案例复杂，上述的接触场景也会大量出现，为了更好地对数据扩散过程进行优化，本章提出关键小代价缓冲区（KSCB）算法。KSCB 算法的目标是在最大化地利用接触机会的同时，快速实现优质学习资源的传播并尽可能保持低开销，其思想主要基于四个方面：

（1）由于小组成员之间交流接触频繁且接触时间较长，因此可以认为小组成员所保持的信息一致，并可以将小组所有成员看作一个整体进行消息传输。

（2）利用小组社区之间的接触关系和传输记录对接下来的接触关系进行预测，对接下来接触时间间隔较长的小组节点优先进行传输。

（3）优先选择对影响力较高的社区进行传输，从而提高拥有消息社区的异质性，加速消息的扩散。

（4）当待传输节点的历史接触情况相似时，根据其接触特征选择最优待传输节点。

7.2　相遇时间预估和节点中心度模型

对于协作学习社区中的每个节点均保存有节点信息表，如表 7-1 所示，并且在每个小组社区中任意节点均利用其他节点所保持的信息对自身的节点信息表进行更新。

表 7-1　节点信息表

符号	含义
Sn	序号
id	小组标识符
f	通信次数
lmt	距上次接触时长
al	相遇间隔平均时长
emt	预估下次相遇时间
$T_v(v=1,2,\cdots,n)$	历史接触时长矢量
T_{ave}	平均接触时长
cud	预估值累计偏差
Ig	兴趣集

7.2.1　相遇时间预估和分类

对于任意两个小组节点间的下次相遇时间，主要是基于小组间接触历史记录进行计算。由于在校园环境下节点的移动表现出较强的规律性，因此该方法的预测准确性较高，主要计算过程如下。

初始化通信次数 $f=0$、相遇时间 $T'=0$。

（1）计算通信次数：

$$f=f+1 \tag{7-1}$$

（2）计算距小组上次接触时长 lmt：

$$\text{lmt}=\begin{cases}0, & f=1\\ T-T', & f=2,3,\cdots,n\end{cases} \tag{7-2}$$

（3）记录相遇时间：

$$T'=T \tag{7-3}$$

（4）计算每次估计的时间间隔与实际的时间间隔的偏差值，并依此对预估值累计偏差 cud（T 为当前时间）进行更新：

$$\text{cud}=\begin{cases}0, & f=1\\ \text{cud}+\text{lmt}, & f=2,3,\cdots,n\end{cases} \tag{7-4}$$

（5）对小组相遇间隔平均时长 al 进行更新：

$$\text{al}=\begin{cases}\text{lmt}, & f=1\\ [\text{al}\cdot(f-1)+\text{lmt}]/f, & f=2,3,\cdots,n\end{cases} \tag{7-5}$$

（6）对小组间平均接触时长进行更新：

$$T_{\text{ave}}=\begin{cases}T-T', & f=1\\ [T_{\text{ave}}\cdot(f-1)+T-T']/f, & f=2,3,\cdots,n\end{cases} \tag{7-6}$$

（7）利用小组历史相遇间隔平均时长与上次相遇间隔平均时长计算出再次相遇时间间隔 $\text{int}\,v$（interval）：

$$\text{int}\,v=\begin{cases}\text{lmt}, & f=1\\ \lambda\cdot\text{al}+(1-\lambda)\cdot\text{lmt}, & f=2,3,\cdots,n\end{cases} \tag{7-7}$$

（8）预估下次相遇时间：

$$\text{emt}=\begin{cases}T+\text{int}\,v, & f=1\\ T+\delta\cdot\text{int}\,v+(1-\delta)\cdot\text{cud}, & f=2,3,\cdots,n\end{cases} \tag{7-8}$$

根据统计，当参数 λ、σ 分别取 0.82、0.78 时，预估值准确率较高。

通过对数十名学习者节点的相遇时间间隔进行统计，可以发现相遇时间间隔分布存在规律性，如图 7-4 所示。据此可对预测的再次相遇时间间隔 $\text{int}\,v$ 进行分类，可将其分为六类。Ⅰ类：小于 2h；Ⅱ类：（2，5］h；Ⅲ类：（5，16］h；Ⅳ类：（16，24］h；Ⅴ类：（24，48］h；Ⅵ类：大于 48h。

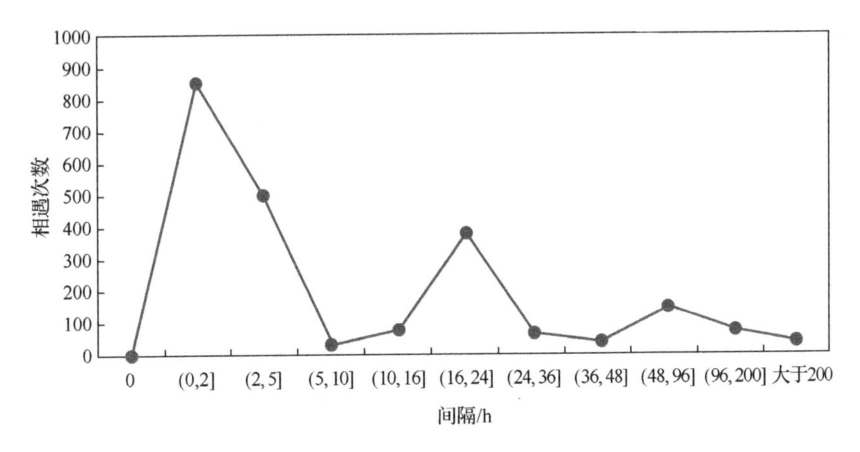

图 7-4　相遇时间间隔统计图

7.2.2　社区影响力模型

由于各个小组社区对外部社区网络的影响力存在差异，且可以认为任意小组对其他社区的影响力与该小组的接触能力呈正相关，而与其他社区的接触能力越强，则越有利于信息的扩散，因此需要对待传输节点所在小组的影响力进行计算，相遇时间间隔统计图如图 7-4 所示。

对于小组 D 的影响力计算如下：

$$T_{AD}=(D_j\cdot D_b)^{S_{AD}}\text{，其中 }D_j=\frac{D_g}{G-1}\text{，}S_{AD}=\frac{\sum_{i=1}^{A_g}\text{cud}_{Ai}}{A_g\cdot\text{cud}_{AD}}\text{，}D_b=\sqrt{\frac{1}{D_g}\cdot\sum_{k=1}^{D_g}\left(f_k-\frac{\sum_{i=1}^{D_g}f_i}{D_g}\right)^2}\tag{7-9}$$

式中，D_j 为协作小组 D 的社区中心性；D_b 为协作小组 D 的连接平衡度；D_g 为协作小组 D 所接触过的小组个数；G 为总的协作小组个数；f_i、f_k 分别为协作小组 D 与序号为 j、g 的小组的连接次数；T_{AD} 为小组 A 对于待传输小组 D 的传输稳定性；A_g 为小组 A 所接触的小组个数；cud_{Ai} 为小组 A 对于序号为 i 的小组的预估值累计偏差。

当 T_{AD} 值较高时，则可以认为待传输小组 D 的网络中心性较高，且对其所接触到的社区可做到有效传输，并且其与小组 A 的传输历史较为稳定。

7.2.3　确定待传输节点

通过对 2000 个通信节点的连接情况进行统计，可以发现节点的度与节点的通信次数呈正相关。从图 7-5 中可以看出，节点的度比较高时，节点的通信次数一般较高，而节点的通信次数高时，节点的度不一定高，因此可以将节点分为三类。Ⅰ类节点，中心节点，$\text{Max Sn} \geqslant 150$；Ⅱ类节点，活跃节点，$\text{Max Sn} < 150 \ \& \ 600 - 4\text{Max Sn} < \sum_{i=0}^{G} f_i$；Ⅲ类节点，$600 - 4\text{Max Sn} > \sum_{i=0}^{G} f_i$。其中，$G$ 为总的小组个数，f_i 为与 i 小组的通信次数。

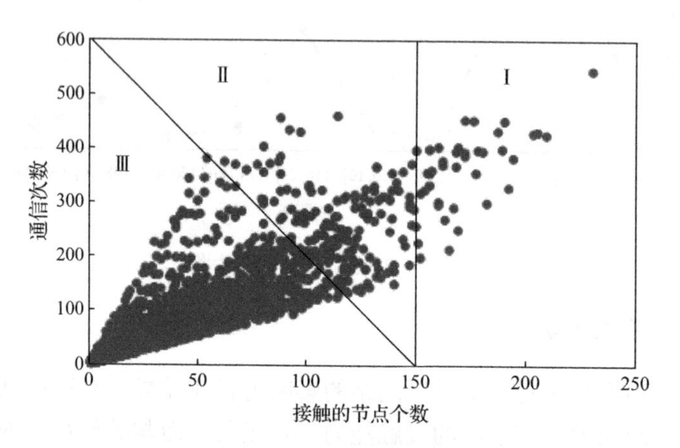

图 7-5　接触的节点个数与通信次数统计

根据统计，Ⅰ类节点所占的比例为 1.38%，通信次数占比为 9.02%；Ⅱ类节点所占的比例为 5.7%，通信次数占比为 17.18%；Ⅲ类节点所占的比例为 92.92%，通信次数占比为 73.8%。

因此可以认为大部分情况下，发生弱连接时待传输节点为Ⅲ类节点。由于Ⅲ类节点不具有明显的网络中心性，因此当待传输信息的节点为Ⅲ类节点时，需对小组间接触历史情况进行考虑。

如图 7-6（a）所示，a 和 b 接触机会相似，但 a 的平均历史接触时长短于 b，因此选择 b 作为待传输节点。

如图 7-6（b）所示，a 和 b 接触机会相似，且 a 的平均历史接触时长与 b 相当，但 b 的接触时长较为规律，因此选择 b 作为待传输节点。

对于接触时长的规律性，用接触时长的标准差进行表示，计算如下。

接触时长标准差 T_s：

$$T_s = \sqrt{\frac{1}{f-1} \cdot \sum_{i=1}^{f} (T_i - T_{\text{ave}})^2} \tag{7-10}$$

如图 7-6（c）所示，a 和 b 接触机会相当，a 的平均历史接触时长与 b 相当，且 a 的平均历史接触时长离散程度与 b 相当，但 b 的节点接触时间间隔离散程度更小，因此选择 b 作为待传输节点。

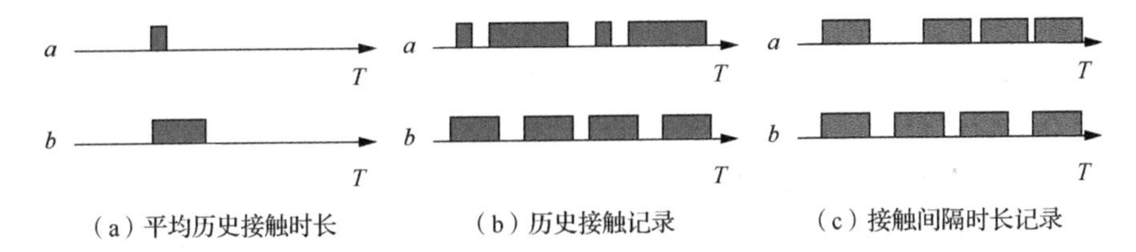

（a）平均历史接触时长　　（b）历史接触记录　　（c）接触间隔时长记录

图 7-6　历史接触情况对比图

相遇间隔平均时长 al_s 的计算方式如下：

$$\mathrm{al}_s = \sqrt{\frac{1}{f-1} - \sum_{i=1}^{f}(t_i - \mathrm{al})^2} \tag{7-11}$$

对 KSCB 算法总结见算法 7-1。

算法 7-1　KSCB 算法

```
1:    While ai contact with Vai(bi,bj,ci,cj,di,…,ni) do
2:      Ignore the same group id, get Vai1 (bi,ci,di,…,ni)
3:      Ignore the nodes that Interest set are incompatible, get Vai2
(ci,…,ni)
4:      According to emt, divided the nodes into six categories:I, II,
III, IV, V, VI
5:      The same type of node sorted in descending order according to
the T
6:      If (Vai2's T== III),then
7:        Calculation Tave, and arranged in ascending order
8:        If have node with equal Tave ,then
9:          Calculation Ts, and arranged in ascending order
10:         If have node with equal Ts ,then
11:           Calculation als, and arranged in ascending order
12:           If have node with equal als
13:             Sort the nodes in descending order according to emt
14:           end if
15:         end if
16:       end if
17:     end if
18:  end while
```

7.3　仿真实验验证和实验结果分析

下面对强连接关系和弱连接关系在信息传播中的作用予以验证。在协作学习背景下，节点之间的信息传输过程，可以依赖传染病模型和 ER（Erdös Rényi）随机网络模型结合的方法进行模拟，其中 SIR 传染病模型是信息传播领域应用最广的模型之一。SIR 模型[83]中 S 表示健康但易感染者，I 表示病毒传播者，R 表示感染过病毒但已康复且获得抗体者。在基于重复感染的考虑下，出现了 SIS 模型[84]，在 SIS 模型中，所有的个体只包括 S 状态和 I 状态。其中 SIR 模型和 SIS 模型的感染机制分别可描述为

$$\begin{cases} S(i)+I(j)\xrightarrow{\lambda}I(i)+I(j) \\ I(i)\xrightarrow{T}R(i) \end{cases} \quad \text{（SIR 模型）} \tag{7-12}$$

$$\begin{cases} S(i)+I(j)\xrightarrow{\lambda}I(i)+I(j) \\ I(i)\xrightarrow{\beta}S(i) \end{cases} \quad \text{（SIS 模型）} \tag{7-13}$$

相较于上述经典模型，本节采用的节点类型可分为四类，并借鉴上述命名规则将其简称为 SEIRS 模型，其中 S 表示待传者（不含有该消息，但对该类型消息感兴趣），E 表示冷淡者（不含有该消息且对于该类型消息不感兴趣），I 表示传播者（含有此消息并可对其他节点进行传播），R 表示拒收者（不含有该消息且拒收消息），对于该模型结构描述如图 7-7 所示。

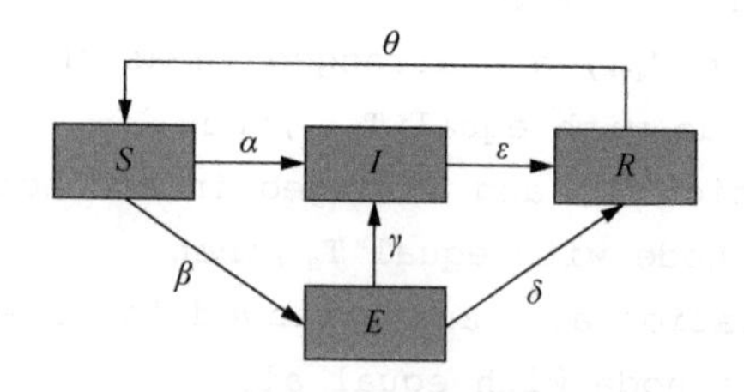

图 7-7　SEIRS 模型结构

其中各个节点类型之间的交互规则如下：

（1）S 类节点接收消息后可转化为 I 类节点，也会在长时间未接收该消息后转化为 E 类节点，其中 S 类节点转化为 I 类节点的概率为 α，转化为 E 类节点的概率为 β。

（2）I 类节点在丢弃数据之后可转化为 R 类节点，从而对该消息拒收，I 类节点转化为 R 类节点的概率为 ε。

（3）E 类节点可在接收消息后转化为 I 类节点，或者转化为 R 类节点对该消息保持拒收，其中 E 类节点转化为 I 类节点的概率为 γ，转化为 R 类节点的概率

为 δ。

（4）转化为 R 类节点的节点可在一定时间后转化为 S 类节点，R 类节点转化为 S 类节点的概率为 θ。

对该模型的动力学模型构建如下：

$$\begin{cases} \dfrac{\mathrm{d}S(t)}{\mathrm{d}t} = -m \cdot \mathrm{d}S(t) \cdot \alpha S(t) - \beta S(t) + \theta R(t) \\ \dfrac{\mathrm{d}E(t)}{\mathrm{d}t} = -\gamma E(t) - \delta E(t) + m \cdot \mathrm{d}S(t) \beta I(t) \\ \dfrac{\mathrm{d}I(t)}{\mathrm{d}t} = \alpha S(t) + \gamma E(t) - \varepsilon I(t) \\ \dfrac{\mathrm{d}R(t)}{\mathrm{d}t} = \delta E(t) + \varepsilon I(t) - \theta R(t) \end{cases} \tag{7-14}$$

式中，$S(t)$、$E(t)$、$I(t)$ 和 $R(t)$ 分别表示在 t 时刻的待传者、冷淡者、传播者和拒收者的节点数量。考虑到网络在传播过程中的拓扑结构，用 $m \cdot \mathrm{d}S(t)$ 表示 t 时刻待传者的节点数量，其中 m 表示待传者的节点占比。假定校园节点总数为 N，则在任意时刻有

$$N = S(t) + E(t) + I(t) + R(t) \tag{7-15}$$

7.3.1　仿真实验验证

为了评估 KSCB 算法的性能，使用 eclipse 平台编写仿真程序对 KSCB 算法和 epidemic 路由算法进行建模。根据文献[85]所做的调查，弱连接关系在所有的人际交往中所占的比例为 80%，耗费的时间为 20%，而强连接关系在所有的人际交往中所占的比例为 20%，耗费的时间为 80%。因此，可假设发生密切接触的人数为 τ 时，进行弱连接的次数为 4τ；假设在所有节点中感兴趣节点所占的比例为 p，节点之间的弱连接成功概率 λ 为 0 到 1 取随机值，而强连接成功概率 p 为 1，仿真场景参数设置如表 7-2 所示。实验结果如图 7-8 和图 7-9 所示。

表 7-2　仿真场景参数设置

参数	参数值
仿真时长	64h
校园节点总数 N	10000
感兴趣节点比例 p	0.01、0.02、0.04、0.08、0.2、0.4、0.6
消息保留时长 t	2h、4h、6h、8h、10h、20h

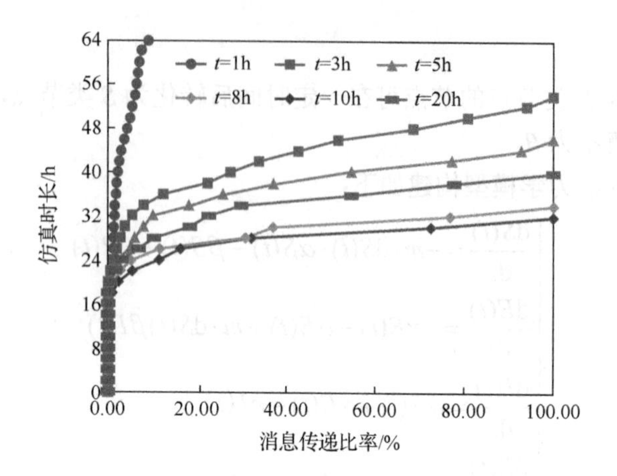

图 7-8　当 $p=0.08$ 时，消息保留时长对信息扩散的影响

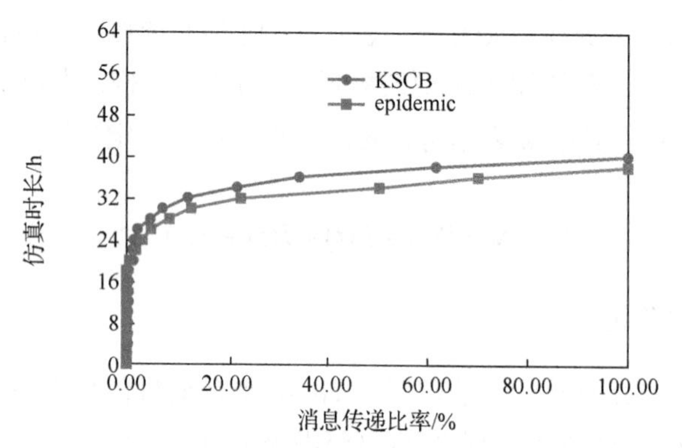

（a）仿真时长与消息传递比率关系

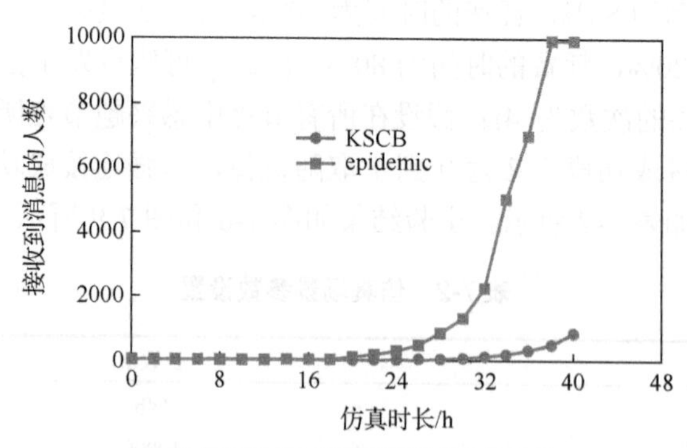

（b）仿真时长与接收到消息的人数关系

图 7-9　$t=8\text{h}$ ，$p=0.08$ 情况下，不同算法扩散情况对比

7.3.2　实验结果分析

从实验结果可以看出，当感兴趣节点的消息保留时长较短时，KSCB 算法的

性能较差，当消息保留时长增加时，KSCB 算法的性能迅速提升。其主要原因是当节点消息保留时长较短时，就会导致拥有消息并能进行传递的节点数量随着时间流逝而迅速减少，从而使 KSCB 算法性能降低。

当节点消息保留时长适中时，对于消息扩散而言，KSCB 算法与 epidemic 路由算法性能相仿，且由于 KSCB 算法只对感兴趣节点传输信息，避免了消息的大量扩散，从而极大避免了消息冗余和对此消息不感兴趣节点的接触机会的浪费。

7.4 本章小结

本章首先预测了校园节点的接触情况，并计算节点对网络社区的影响。当待传输节点的社区影响力较低时，使用该节点的历史传输记录，可以解决如何在接触条件相似的节点中选择最适合待传输节点的问题。其次，本章提出了 KSCB 算法并进行仿真实验。实验结果表明，当感兴趣节点的比例和节点的消息保留时长合理时，KSCB 算法能够达到较好的传输效果，避免了不感兴趣节点的消息冗余和接触机会的浪费。

第 8 章　基于机会网络的协作学习社区冷启动机制

8.1　机会网络冷启动的相关研究

在社会网络中，冷启动指的是在网络形态演化初期，用户节点信息和节点间的社会关系信息未经过长时间的积累，在消息传输中，还不能通过节点和社会关系特征决策消息路由和调度方法。在机会网络创建初期，由于各个节点对于链路连接情况掌握得还不充分，对于各个节点和参数情况的获取比较迟滞，节点之间的交互和数据的扩散存在一定的盲目性。

为了解决社会网络中冷启动的问题，郝予实等[86]和于洪等[87]对协作关系和用户上下文信息（情绪、位置、时间等）进行考虑，实现了新用户对于信息的个性化需求。Wang 等[88]和 Deshpande 等[89]提出了社会化推荐方法，此方法通过与新用户有直接或间接关系的用户对该新用户进行推荐。Huang 等[90]基于对服务关系进行建模，并通过对用户之间的潜在协作关系进行预测，实现相关推荐机制。Zhang 等[91]基于隐含狄利克雷分布（latent Dirichlet allocation，LDA）模型与关键字信息对用户的需求信息进行解析，从而提升了推荐的准确性。在社会网络中，主流的冷启动解决方案，主要针对的是向客户提供商品的信息和建议[92]，应对的是信息过载、推荐的准确度和效率方面存在的问题，而此类信息过载的问题与移动机会网络中节点的不充分接触导致信息传输迟滞的问题存在较大的差异性，因此上述方案在移动社会网络的消息传输中不适用。

由于在校园协作学习环境中存在节点较为密集、个体和社区之间社会关系较为复杂等特点，因此各个节点之间的链路情况往往较为繁杂，如何选择正确的待传输节点便尤为重要。在机会网络中，学习者节点新组建学习社区或新的学习者节点加入网络学习社区时，无法对其他待传输节点的链路情况和移动、通信特征进行把握，所以容易导致消息递交率低下、消息的冗余和接触机会的浪费。因此，需要对校园协作学习下的冷启动情况进行考虑，准确把握任意节点之间的接触效用和特征，促使新的协作环境或节点的信息得到高效、快速的传输。

在校园协作学习情境下，机会网络的冷启动问题主要可以分为两个方面。一方面是冷启动阶段的划分，冷启动阶段可依据节点运行特征分为冷启动阶段与社区运行阶段；另一方面是节点的冷启动问题，节点的冷启动问题也可依据阶段的不同分为冷启动阶段的信息传输与社区运行阶段的信息传输。

8.2　冷启动阶段的定义和初始社区的确定

在基于移动社会网络的协作学习社区中，对冷启动阶段与正常运行阶段的划分讨论如下。

在机会网络中，由于是以单个学习者节点为单位进行消息传输，因此可以依据单个学习者节点的通信情况对机会网络的运行阶段进行划分。由于在校园中，学习者节点较为密集且作息具有较为明显的规律性，并表现出较为明显的群体性活动特征，因此学习者节点之间社区化较为明显。对于单个节点的阶段划分可依据单个节点的通信社区建立情况进行划分，可以认为当学习者节点的社区处于稳定状态时，其冷启动阶段便结束，而如何对任意节点的通信社区稳定性进行衡量，考虑如下机制。

对于社会网络关系而言，图是其最自然且直接的表述形式，其中主要用节点代指个体。假定在移动社会网络中，存在网络 $G=(V,E)$，其中 V 为节点的集合，任意两个节点的一次接触视为此两个节点之间无向边权重值加一，用 E 表示所有边的集合。对任意节点 St_i 都保持有自身信号初始值 $\mathrm{Sig}_i=n-1$（n 为学习者节点的个数）、初始队列、附加队列、初始化矩阵，如表 8-1 所示。表内初始队列中 St_x^i 为 i 节点对于 x 节点的初始化常量值。

表 8-1　节点初始化信息表

含义	符号
节点 id	$i(0\leqslant i\leqslant n)$
信号初始值	Sig_i
初始队列	$\mathrm{Init}\_i\{\mathrm{St}_{x_1}^i,\cdots,\mathrm{St}_{x_p}^i\}\{0\leqslant x_1\leqslant x_p\leqslant n\}$
附加队列	$\mathrm{Init}\_i\{\mathrm{St}_{y_1}^i,\cdots,\mathrm{St}_{y_q}^i\}\{0\leqslant y_1\leqslant y_q\leqslant n\}$
初始化矩阵	A_i

初始化阶段演化策略如下。

当任意节点 p 的自身信号初始值大于 0 时，其与 q 节点相遇且 q 节点的信号初始值大于 0，p、q 节点分别将自身信号值减 1，并将信号队列中对方节点的信号值加 1。

当任意节点 p 的自身信号初始值小于等于 0 时，其与 q 节点相遇且 q 节点的信号初始值大于 0：

（1）若 q 节点不在 p 节点的初始队列中，则 p 节点自身信号值不变，并将 q 节点并入 p 节点的附加队列，对其信号值加 1，q 节点也将 p 节点并入自身初始队列，并将自身信号值减 2，对 p 节点信号值加 1。

（2）若 q 节点在 p 节点的初始队列中，则 p 节点对 q 节点信号值加 1，q 节点自身信号值减 2，q 节点对 p 节点信号值加 1。

当任意节点 p 的自身信号值小于等于 0 且 q 节点的信号值也小于等于 0 时，不再对自身信号初始值和信号队列、附加队列中的值进行更改。

在初始化阶段，任意节点接触时均对对方节点的初始化矩阵进行完善，对该矩阵表述如下：

$$A_{\mathrm{St}_i}=\begin{array}{c|cccccc}
 & \mathrm{St}_i & \mathrm{St}_{x_1} & \mathrm{St}_{x_2} & \cdots & \mathrm{St}_{x_{p-1}} & \mathrm{St}_{x_p} \\
\hline
\mathrm{St}_i & 0 & \mathrm{St}_{x_1}^{i} & \mathrm{St}_{x_2}^{i} & \cdots & \mathrm{St}_{x_{p-1}}^{i} & \mathrm{St}_{x_p}^{i} \\
\mathrm{St}_{x_1} & \mathrm{St}_{i}^{x_1} & 0 & \mathrm{St}_{x_2}^{x_1} & \cdots & \mathrm{St}_{x_{p-1}}^{x_1} & \mathrm{St}_{x_p}^{x_1} \\
\mathrm{St}_{x_2} & \mathrm{St}_{i}^{x_2} & \mathrm{St}_{x_1}^{x_2} & 0 & \cdots & \mathrm{St}_{x_{p-1}}^{x_2} & \mathrm{St}_{x_p}^{x_2} \\
\vdots & \vdots & \vdots & \vdots & 0 & \vdots & \vdots \\
\mathrm{St}_{x_{p-1}} & \mathrm{St}_{i}^{x_{p-1}} & \mathrm{St}_{x_1}^{x_{p-1}} & \mathrm{St}_{x_2}^{x_{p-1}} & \cdots & 0 & \mathrm{St}_{x_p}^{x_{p-1}} \\
\mathrm{St}_{x_p} & \mathrm{St}_{i}^{x_p} & \mathrm{St}_{x_1}^{x_p} & \mathrm{St}_{x_2}^{x_p} & \cdots & \mathrm{St}_{x_{p-1}}^{x_p} & 0
\end{array}$$

在本节中采用模块度[93,94]对节点的社区完善程度进行评估，模块度的基本思想是如果任意社区内部节点的连接率高于随机情况下节点的连接率，则该社区较稳定，对社区模块度 Q 的表述如下：

$$Q=\frac{1}{2m}\sum_{vw}\left(A_{vw}-\frac{k_v k_w}{2m}\right)\delta(c_v,c_w) \tag{8-1}$$

若 v、w 节点之间无连接，则 A_{vw} 值为 0，反之则等于其通信次数。由于在本节的场景中，c_v、c_w 所处社区情况未知，因此可以与中心程度较高的节点的连接情况进行判断。例如，在 St_i 节点的初始化社区 A_{St_i} 中，St_i 节点的中心程度较高，若 v 节点与 w 节点的通信次数大于 St_i 节点与所有初始节点通信次数的平均值，则表明 v、w 节点处于同一社区。

因此对模块度函数定义如下：

$$Q'=\frac{1}{2m}\sum_{vw}\left(A_{vw}-\frac{k_v k_w}{2m}\right)\cdot R_{vw} \tag{8-2}$$

如图 8-1 所示，假设 w 节点与 v 节点的通信次数 A_{vw} 为 5，St_i 节点与所有初始节点的通信次数为 2，则显然，v、w 节点处于同一社区，但是采用这种方法会在不同社区之间形成重叠社区。

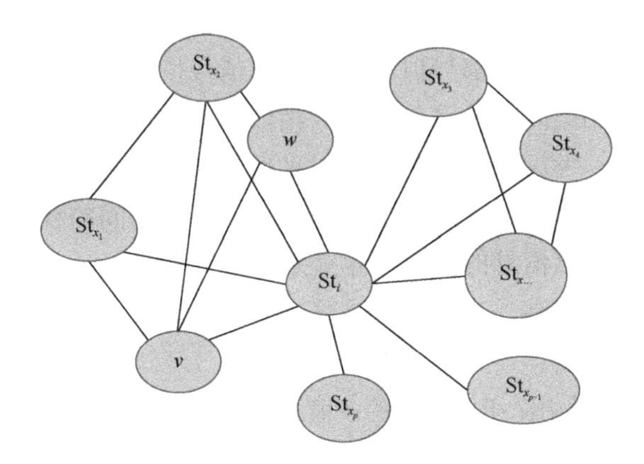

图 8-1　节点初始化网络连通情况社区示意图

在实际的社会网络分析中，Q 值一般为 0.1～0.7，且对社会网络的研究中，普遍认为当 Q 值大于 0.3 时[95,96]，该社会网络中存在较为稳定的网络社区。

根据以上初始化机制，可以认为：当任意节点的初始队列值大于 n 时，说明该节点的社区演化较快，即该节点活跃度较高。当任意节点的附加队列存在信号值时，说明该节点接触的社区范围较广，模块度较高。

8.3　节点的传输策略

8.3.1　冷启动阶段节点的传输策略

在移动机会网络学习社区运行初期，由于任何节点均不含有或者仅含有较少其他节点的通信特征信息，因此当任意节点需要进行消息传输时，其无法依据其所包含的节点信息表对待传输节点进行正确选择，会造成大量接触机会的浪费、消息的冗余，并导致消息的传输延时大大增加。

对于冷启动阶段的节点，进行消息传输的节点选择，可用节点活跃度和节点社区差异度综合考虑的方式进行选择，相关学者对节点活跃度和节点相似度进行了一系列探索。王贵竹等[97]依据节点移动轨迹所占区域的面积和节点的平均驻留时长对节点活跃度进行了计算。冯军焕等[98]依据邻居节点前一段时间的网络繁忙状态进行了退避选择，选择对前一段时间网络情况空闲的节点进行传输。付饶等[99]依据节点在 k 跳内的节点链路情况对节点的链路相似度进行了考虑。

Lancichinetti 等[100]提出的重叠社区发现（LFM）算法则是依据对节点接触的特征节点与节点之间的相似性考虑。在冷启动阶段由于节点的初始信息较少，其无法对其他前一段时间的链路状态和其他节点的特征情况进行有效统计，上述算法也均不适用于节点的冷启动阶段。

考虑用节点的初始队列信号值和附加队列信号值对节点间的相对活跃度进行表征，并依据初始化矩阵的社区差异度（相似度）对任意两个节点的初始社区的差异情况进行计算。考虑到协作学习是以兴趣和共同学习目标组建社区的学习方式，因此可以认为初始化矩阵差异情况越小，节点对之间的社区重叠度和兴趣相似度就越高，即对于该消息的需求度也就越高，并且可以认为初始化矩阵差异度越低，即相似度情况越高，其也越容易将该消息扩散或发送到对该消息感兴趣的目的社区或者目的节点。

从图 8-2 中可以看出，Rang A 的 s 值小于 k 值，即节点在自身初始信号值大于 0 时，接触的半数以上的节点自身信号值已经小于等于 0，表明该节点相对于其接触的其他节点较为消极。因此将 Rang A 的节点定义为被动消极节点，在包含其与待传输节点时，不对该区域的节点进行消息传输。

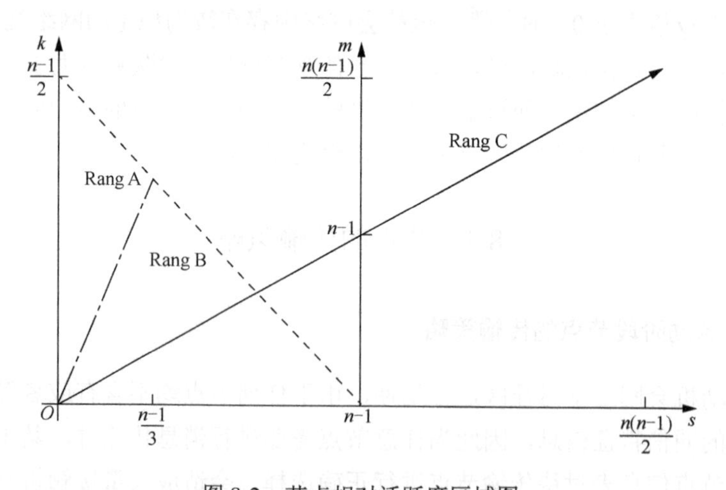

图 8-2　节点相对活跃度区域图

以图 8-3 为例，实现对矩阵差异度的计算，设 a 节点为传输节点，d、f 节点为待传输节点，对 A_a 表述如下：

$$
A_a = \begin{array}{c|ccccccccc}
 & a & b & c & d & e & f & g & h & k \\
\hline
a & 0 & 3 & 1 & 1 & 2 & 4 & 2 & 1 & 2 \\
b & 3 & 0 & 0 & 2 & 0 & 0 & 1 & 0 & 0 \\
c & 1 & 0 & 0 & 2 & 0 & 0 & 0 & 0 & 0 \\
d & 1 & 2 & 2 & 0 & 1 & 0 & 1 & 0 & 3 \\
e & 2 & 0 & 0 & 1 & 0 & 0 & 0 & 1 & 1 \\
f & 4 & 0 & 0 & 0 & 0 & 0 & 4 & 1 & 5 \\
g & 2 & 1 & 0 & 1 & 0 & 4 & 0 & 0 & 0 \\
h & 1 & 0 & 0 & 0 & 1 & 1 & 0 & 0 & 1 \\
k & 2 & 0 & 0 & 3 & 1 & 5 & 0 & 1 & 0
\end{array} \tag{8-3}
$$

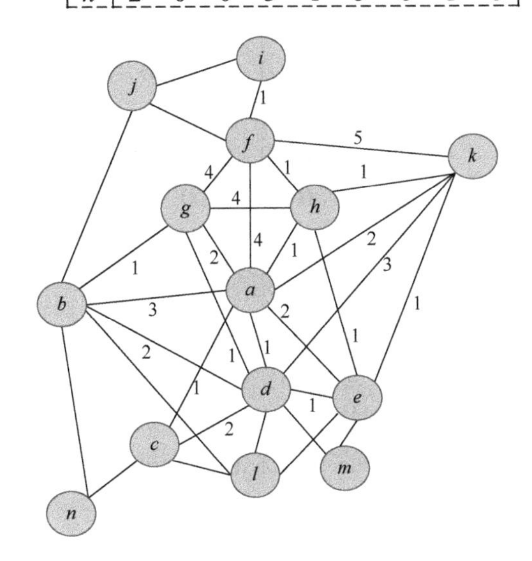

图 8-3　社交网络社区结构示意图

f 节点对 a 节点的匹配矩阵 $A_{f\&a}$ 表述如下：

$$
A_{f\&a} = \begin{bmatrix}
0 & 0 & 0 & 0 & 0 & 4 & 2 & 1 & 2 \\
0 & 0 & 0 & 0 & 0 & 0 & 0 & 0 & 0 \\
0 & 0 & 0 & 0 & 0 & 0 & 0 & 0 & 0 \\
0 & 0 & 0 & 0 & 0 & 0 & 0 & 0 & 0 \\
0 & 0 & 0 & 0 & 0 & 0 & 0 & 0 & 0 \\
4 & 0 & 0 & 0 & 0 & 0 & 4 & 1 & 5 \\
2 & 0 & 0 & 0 & 0 & 4 & 0 & 0 & 0 \\
1 & 0 & 0 & 0 & 0 & 1 & 0 & 0 & 1 \\
2 & 0 & 0 & 0 & 0 & 5 & 0 & 1 & 0
\end{bmatrix} \tag{8-4}
$$

记 $A_a=(a_{xy})$，$A_{f\&a}=(f\&a_{xy})$，定义 $|A_a|=\sqrt{\sum_{x,y}(a_{xy})^2}$，则对 a 节点与 f 节点的初始矩阵差异度计算如下：

$$\left|A_{a-f\&a}\right|=\left|A_a-A_{f\&a}\right|=\sqrt{\sum_{x,y}(a_{xy}-f\&a_{xy})^2}=\sqrt{76} \tag{8-5}$$

同理，对 a 节点与 d 节点的初始矩阵差异度计算如下：

$$A_{d\&a}=\begin{bmatrix}0&3&1&1&2&0&2&0&2\\3&0&0&2&0&0&1&0&0\\1&0&0&2&0&0&0&0&0\\1&2&2&0&1&0&1&0&3\\2&0&0&1&0&0&0&0&1\\0&0&0&0&0&0&0&0&0\\2&1&0&1&0&0&0&0&0\\0&0&0&0&0&0&0&0&0\\2&0&0&3&1&0&0&0&0\end{bmatrix}$$

$$\left|A_{a-d\&a}\right|=\left|A_a-A_{d\&a}\right|=\sqrt{\sum_{x,y}(a_{xy}-d\&a_{xy})^2}=\sqrt{122} \tag{8-6}$$

可以看出，虽然 d 节点与 a 节点有更多的共同邻居节点，但是因为接触的次数权重不同，所以 a 节点与 f 节点的社区差异度更小。

因此在考虑节点相对活跃度的基础上，根据节点社区差异度对待传输节点进行选择，其中，社区差异度较小的节点优先进行传输。

8.3.2 社区运行阶段节点的传输策略

在校园协作学习情境中，学习者节点的运动具有较强的规律性，呈现较强的社区性，而学习者节点在移动过程中并入其他节点的学习社区时，对其他节点学习社区的先验性条件较差，从而在数据传输过程中无法对待传输节点进行正确选择，导致消息传输延时和链路冗余增大。因此在这一小节中，就协作学习社区环境下节点的传输策略问题进行如下讨论。

对于每个节点分别建立接触节点集 $\psi_{i\_\text{all}}=(i,c_1,c_2,\cdots,c_m,d_1,d_2,\cdots,d_n)$、社区节点集 $\psi_{i\_\text{com}}=(i,c_1,c_2,\cdots,c_m)$、直接节点集 $\psi_{i\_\text{dir}}=(i,d_1,d_2,\cdots,d_n)$。集合 ψ_{i_all} 表示 i 节点的所有直接接触的节点集合。以每个节点为中心点计算其与所有直接接触节点的平均接触次数，当直接接触节点的接触次数大于平均接触次数时，将其并入社区节点集 ψ_{i_com}。集合 ψ_{i_dir} 表示与 i 节点进行过直接接触但不存在于集合 ψ_{i_com} 中的节点。集合中的第一个元素为中心节点元素 i，其余元素依据节点间的接触次数进行排序，接触次数相同时，依据通信时长累加值进行排序。任意两个节点接触时分别依据对方的链路信息对自身节点接触节点集等进行更新。对 i 节点的接触节点集表示如图 8-4 所示。

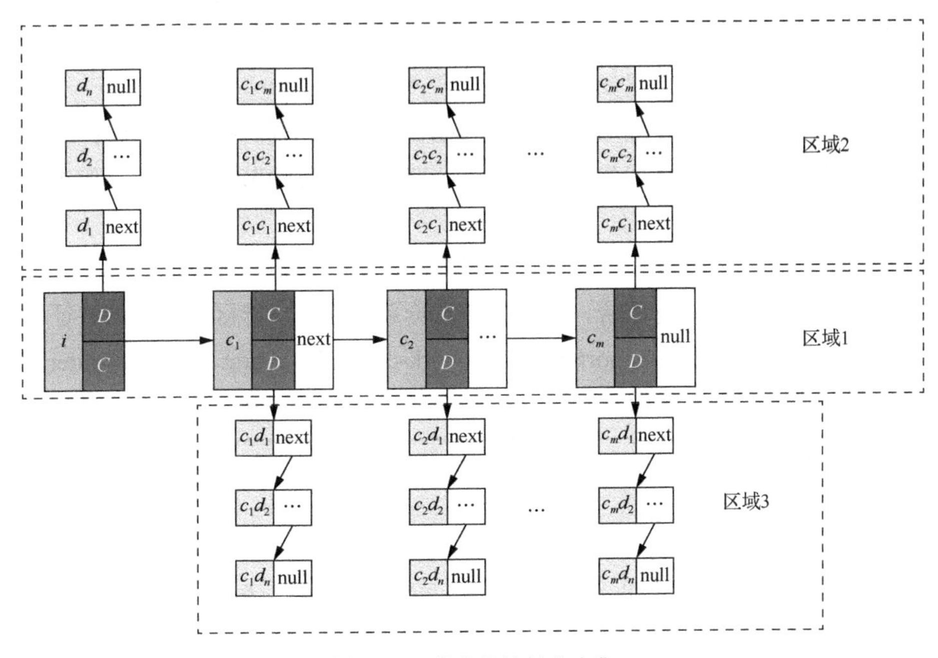

图 8-4 i 节点的接触节点集

区域 1 为 i 节点的社区节点集 $\psi_{i\_\mathrm{com}}=(i,c_1,c_2,\cdots,c_m)$ ，区域 2 为直接节点集 $\psi_{i\_\mathrm{dir}}=(i,d_1,d_2,\cdots,d_n)$ 和节点 i 社区节点的社区节点集，区域 3 为节点 i 社区节点的直接节点集。

假定该移动社交网络中共存在 G 个节点，依据区域 2 链表建立 $G\cdot(m+1)$ 的矩阵 A_{id} ，其中，依据区域 3 链表建立 $G\cdot n$ 的矩阵 A_{ic} 。

$$A_{id}=G\cdot(m+1)=\begin{bmatrix} d_1 & c_1c_1 & c_2c_1 & \cdots & c_mc_1 \\ d_2 & c_1c_2 & c_2c_2 & \cdots & c_mc_2 \\ \vdots & \vdots & \vdots & & \vdots \\ d_n & c_1c_m & c_2c_m & \cdots & c_mc_m \end{bmatrix} \tag{8-7}$$

$$A_{ic}=G\cdot n=\begin{bmatrix} c_1d_1 & c_2d_1 & \cdots & c_md_1 \\ c_1d_1 & c_2d_2 & \cdots & c_md_2 \\ \vdots & \vdots & & \vdots \\ c_1d_n & c_2d_n & \cdots & c_md_n \end{bmatrix} \tag{8-8}$$

对待传输节点的优先级规定如下：

$\psi_{i_com} = (i, c_1, c_2, \cdots, c_m)$集合的传输优先级最高，$A_{id}$矩阵中节点的传输优先级次之，$A_{ic}$矩阵中节点的传输优先级最低。对于同一矩阵中所存在的节点，依据坐标值进行排序。

对节点的路由方案阐述如下：

（1）当存在多个待传输节点时，若存在目的节点，则直接进行传输；若不存在目的节点，则依据上述优先级规定对目的节点在待传输节点中的优先级进行计算并排序。

（2）若目的节点不存在于待传输节点的链表中，则不进行传输。

将上面所述算法进行整合，并依据节点冷启动和节点社区运行时的特征，提出机会网络冷启动路由（opportunistic network-cold start router，ONCSRouter）算法，并整理如算法 8-1 所示。

算法 8-1 ONCSRouter 算法

```
1:   While node_i contact node_j, node_k, node_h...
2:     If(Q'_i<0.3)
3:       Initialization node_i with node_j, node_k, node_h...
4:         Initialization node_i with node_j:
5:           If(sig_i>0)
6:             If(sig_j>0)
7:                 If(init_i∩node_j==null) add node_j to init_i
8:                 End if;
9:                 Sigi-=1;
10:                sig^i_xj +=1;
11:            End if;
12:            If(sig_j<=0)
13:                If(init_i∩node_j==null) add node_j to init_i
14:                End if
15:                Sigi-=2
16:                sig^i_xj +=1
17:            End if
18:          End if
19:          If(sig_i<0)
20:            If(sig_j>0)
```

```
21:             If(init_i∩j==null && init_i'∩j==null) add j to
init_i'
22:           End if
23:           If(sig^i_xj ≠ null)
24:             sig^i_xj +=1;
25:           Else sig^i_yj +=1
26:           Q'_i =0.3
27:         End if
28:       If the node to be transmitted belongs to Rang A, delete the
node
29:       Calculation A_j&i、A_k&i、A_h&i...
30:       Calculation A_i-j&i、A_i-k&i、A_i-h&i...,and sort from big to small,
and then transfer
31:     If(Q'_i>=0.3)
32:       Update Ψ_i_all, Ψ_i_dir, Ψ_i_com with j, h, k...
33:       Traversal Ψ_i_all, Ψ_i_dir, Ψ_i_com and calculation priority_i_j,
priority_i_k, priority_i_h
34:       Transmission by priority
35:     End if
```

8.4 仿真及结果分析

为了对本章所述算法的性能进行评估，采用 ONE 仿真器和 haggle6-infocom06 数据集进行仿真实验，主要仿真参数设置如表 8-2 所示。

表 8-2 仿真参数设置

参数名称	参数值
数据集	haggle6-infocom06
仿真时长/s	92000
传输文件大小/KB	50、5000
消息产生时间间隔/s	300、5000
节点个数	98
SprayAndWait 的消息拷贝数	20

将仿真环境其他主要参数分别设置为 initialEnergy=50000，bufferSize=100MB，transmitSpeed=150KB/s，msgTTL=900min 时，仿真结果如图 8-5～图 8-8 所示。

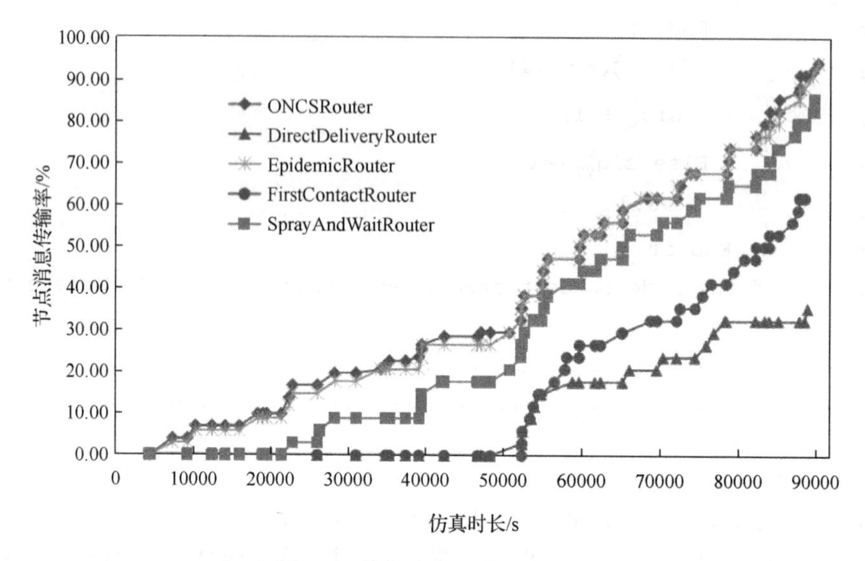

图 8-5　节点消息传输率统计图

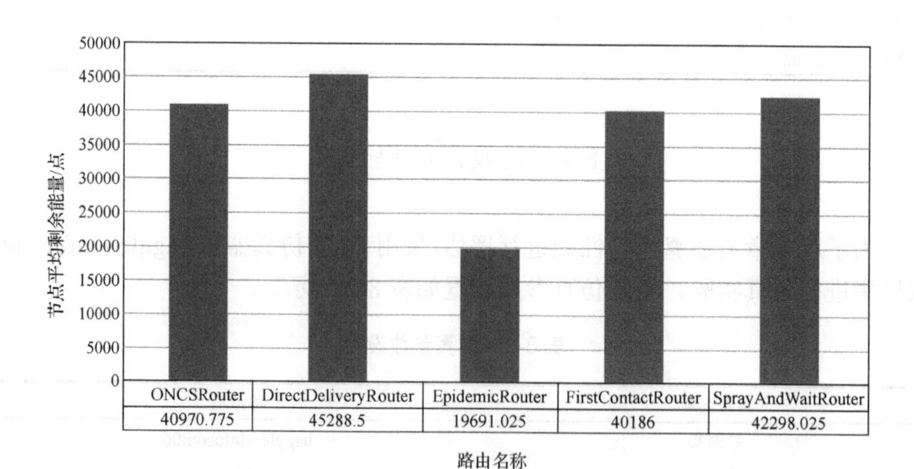

图 8-6　节点平均剩余能量统计图

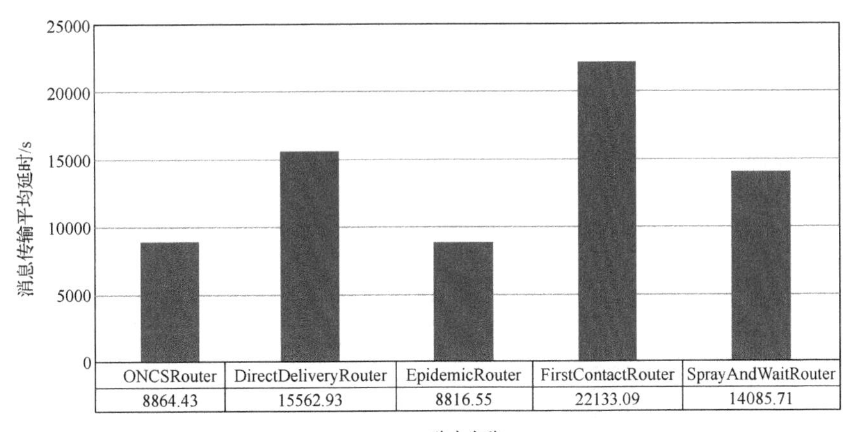

图 8-7　消息传输平均延时统计图

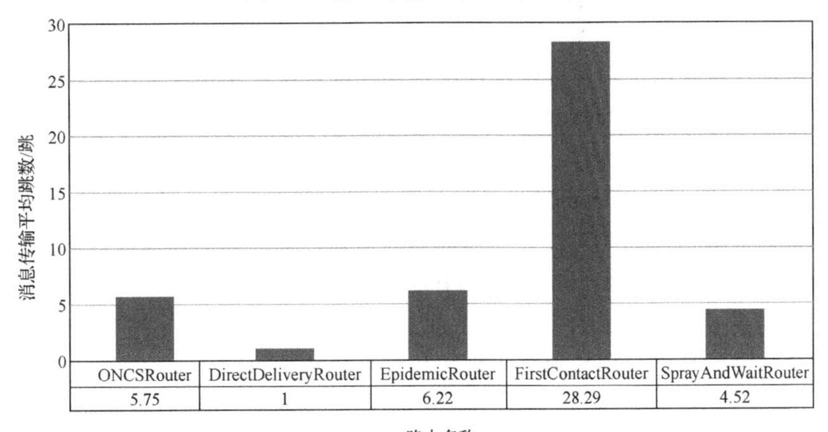

图 8-8　消息传输平均跳数统计图

从图 8-5～图 8-8 中可以看到，ONCSRouter 可以在节点社区尚未完全成熟、耗费较少能量并不造成消息冗余的情况下将消息以较快的速度传递至目的节点，其传递时间可逼近理论极限值。从图中还可以看出 ONCSRouter 的节点消息传输率、消息传输平均延时、消息传输平均跳数均与 EpidemicRouter 相似，而节点平均剩余能量则远高于 EpidemicRouter。

将仿真环境其他主要参数分别设置为 initialEnergy=50000, bufferSize=100MB, transmitSpeed=150KB/s 时，测试 msgTTL 对路由的影响，仿真结果如图 8-9 所示。

从图 8-9 中可以看出，当 msgTTL 小于 400min 时，对各个路由的影响均较大，当 msgTTL 大于 400min 时，各个路由的表现逐渐稳定。其中 msgTTL 对 ONCSRouter 与 EpidemicRouter 的影响较小，结合图 8-7 可知 ONCSRouter 与 EpidemicRouter 的消息传输平均延时最低，而由于 FirstContactRouter 的消息传输平均延时最高，

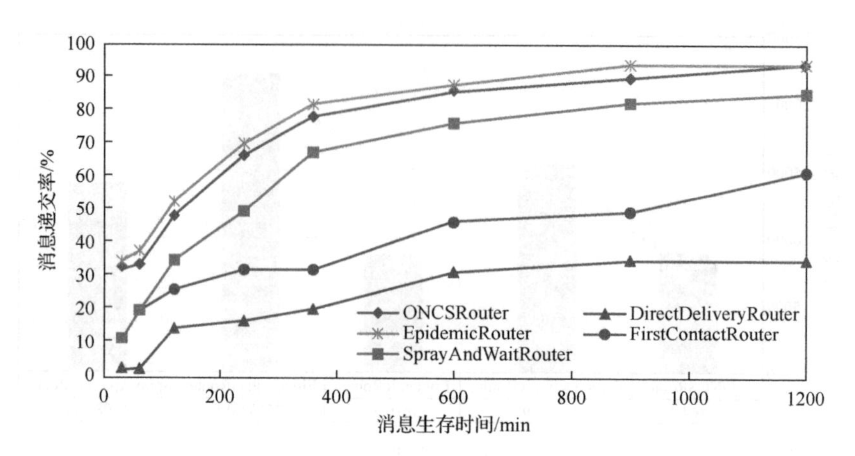

图 8-9　msgTTL 对路由的影响结果示意图

因而 msgTTL 的变化对其影响也较大。

将仿真环境其他主要参数分别设置为 initialEnergy=50000，bufferSize=100MB，msgTTL=900min 时，测试 transmitSpeed 对路由的影响，仿真结果如下：

从图 8-10 中可以看出，当 transmitSpeed 小于 50KB/s 时，对 ONCSRouter、EpidemicRouter、FirstContactRouter、SprayAndWaitRouter 影响较大，而对 DirectDeliveryRouter 影响较小，当 transmitSpeed 大于 50KB/s 时，各个路由的表现逐渐稳定。结合图 8-8 可知，DirectDeliveryRouter 的消息传输平均跳数较少，其未将消息直接传输至目的节点，因而在 transmitSpeed 受限时对该路由的影响较低，但总体上该路由表现较差。

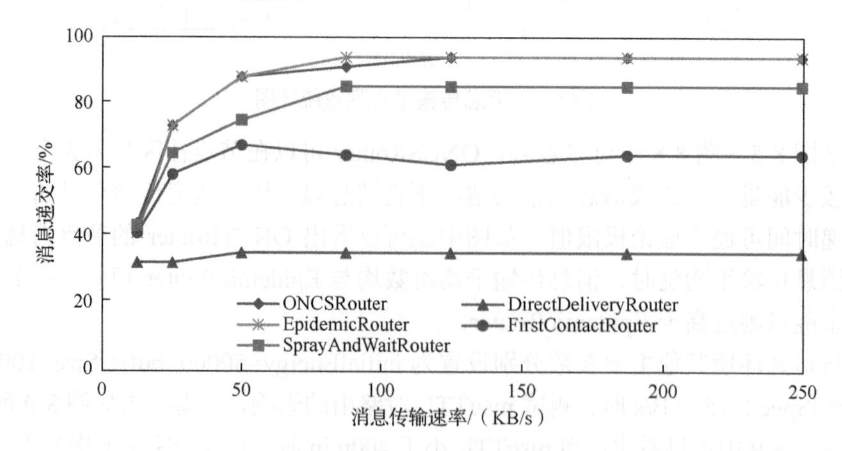

图 8-10　transmitSpeed 对路由的影响结果示意图

将仿真环境其他主要参数分别设置为 initialEnergy=50000，transmitSpeed=150KB/s，msgTTL=900min 时，测试 bufferSize 对路由的影响，仿真结果如图 8-11 所示。

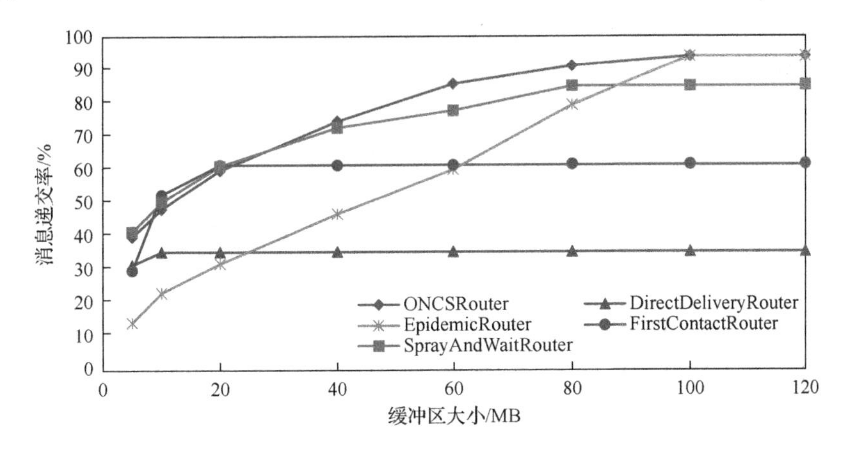

图 8-11　bufferSize 对路由的影响结果示意图

从图 8-11 中可以看出，bufferSize 对 ONCSRouter、EpidemicRouter、SprayAndWaitRouter 的影响较大，而对 DirectDeliveryRouter 和 FirstContactRouter 的影响较小。其中对 EpidemicRouter 的影响最大，这是由于使用 EpidemicRouter 的节点会将所有消息传输至所有接触的节点，因而造成较高的消息冗余和节点存储空间的浪费。

将仿真环境其他主要参数分别设置为 bufferSize=100MB，transmitSpeed=150KB/s，msgTTL=900min 时，测试 initialEnergy 对路由的影响，仿真结果如图 8-12 所示。

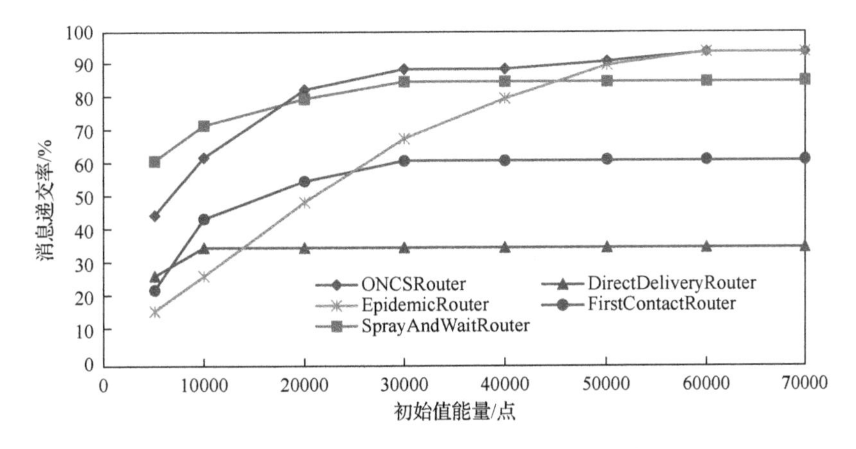

图 8-12　initialEnergy 对路由的影响结果示意图

从图 8-12 中可以看出，当 initialEnergy 小于 20000 时对所有路由均有较大影响，当 initialEnergy 大于 20000 时，各个路由的表现逐渐稳定。其中 initialEnergy 较低时，对 EpidemicRouter 的影响较大，结合图 8-6 可知使用 EpidemicRouter 的节点平均剩余能量较低，其主要是因为 EpidemicRouter 的节点会将所有消息传输至所有接触的节点，所以会造成较大的能量浪费。

8.5　本 章 小 结

本章首先介绍了机会网络冷启动的相关研究问题。冷启动问题主要分为两个方面，一方面是冷启动阶段的划分问题；另一方面是节点冷启动问题。本章将冷启动阶段定义为当节点社区处于稳定状态时，冷启动阶段结束。同时，采用模块度 Q 对社区稳定程度进行评估，当模块度 Q 大于 0.3 时，网络社区较为稳定。其次，本章从节点活跃度和节点社区差异度两方面综合考虑消息的节点传输策略。对于节点活跃度，考虑用节点的初始队列信号和附加队列信号进行特征表述。对于节点社区差异度，考虑利用矩阵差异度表达。最后，本章提出了机会网络冷启动路由 ONCSRouter 算法，对其进行仿真实验并分析结果。实验结果表明，ONCSRouter 综合性能最优，消息传输速度快，资源消耗小且传输效果稳定，有利于解决节点社区稳定性和消息传播问题。

第9章　基于机会网络的协作学习社区资源推荐机制

在校园协作学习环境下，学习者节点往往存在对自身所需求的知识认知不足和对学习资源寻找乏力的情况。对自身所需求的知识认知不足主要体现在学习者节点往往不知道自己需要何种类型的学习资源，如学生往往需要师长向自己推荐相关书籍或课程，学习较差的同学往往对相关知识点比较模糊而需要学习优秀的同学进行推荐等；对学习资源寻找乏力则主要体现在学习者节点不知道如何去寻找，或去哪儿寻找自己所需要的学习资源。因此，本章在基于机会网络的校园协作学习环境下引进学习社区资源推荐机制。

考虑到活跃度较高的节点往往可以接触到较多的信息，而节点对之间较高的亲密度意味着节点间更加熟悉及传输成功率更高[101]。因此在本章中，通过节点的活跃度和节点亲密度对节点相对于其他节点的推荐能力进行计算。

为每个节点对之间建立可推荐系数 Rec，该值是不对称的，即节点对之间相互的 Rec 值并不相等，当任意多节点相遇时，依据推荐系数对待推荐节点进行排序：

$$\mathrm{Rec}_{ij}=\alpha\cdot C_j+\beta\cdot \mathrm{Sm}_{ij} \tag{9-1}$$

式中，Rec_{ij} 为节点 j 对于节点 i 的可推荐系数；C_j 为节点 j 的综合活跃度；Sm_{ij} 为节点 i 与节点 j 的社交亲密度；α 和 β 分别为节点根据对推荐消息需求的不同进行设定的权重系数。下面对节点影响力模型和节点间的社交亲密度进行讨论。

9.1　节点影响力模型

对于综合活跃度 C 而言，可以认为节点的活跃度不仅取决于该节点在社区内部的链接情况，也与其在社区外部的链接情况息息相关。因此，综合考虑任意节点的社区活跃度（community activity，Coa）与社区外部活跃度（community external activity，Cea）对该节点的综合活跃情况进行计算。在计算中将社区活跃度分为可直接接触的活跃度 Coa_dir 与可间接接触的活跃度 Coa_rel。

假定任意节点 i 的活跃度总值为 100%，即

$$\begin{cases}\mathrm{Coa}_i+\mathrm{Cea}_i=100\% \\ \mathrm{Coa\_dir}_i+\mathrm{Coa\_rel}_i=\mathrm{Coa}_i\end{cases} \tag{9-2}$$

则有

$$\text{Coa\_dir}_i + \text{Coa\_rel}_i + \text{Cea}_i = 100\% \tag{9-3}$$

根据节点初始化情况对节点 St_i 的各个活跃度值计算如下：

$$\text{Act}' = \text{Coa\_dir}' + \text{Coa\_rel}' + \text{Cea}' \tag{9-4}$$

$$\text{Coa\_dir} = \frac{\text{Coa\_dir}'}{\text{Act}'} = \sum_{j=\text{St}_{x_1}^i}^{\text{St}_{x_p}^i} j \cdot \frac{1}{\text{Act}'} \tag{9-5}$$

$$\text{Coa\_rel} = \frac{\text{Coa\_rel}'}{\text{Act}'} = \sum_{j=\text{St}_{x_1}^i}^{\text{St}_{x_p}^i} \left(\frac{|j\_\text{Asb}| \cdot j}{\sum\limits_{\text{St}_k^j \in j\_\text{Asb}} \text{St}_k^j} \right) \cdot \frac{1}{\text{Act}'} \tag{9-6}$$

$$\text{Cea} = \frac{\text{Cea}'}{\text{Act}'} = \sum_{m=\text{St}_{y_1}^i}^{\text{St}_{y_q}^i} m \cdot \frac{1}{\text{Act}'} \tag{9-7}$$

式中，j_Asb 为节点 j 的初始社区直接节点集合，$|j\_\text{Asb}|$ 为节点 j 集合的模，即集合 j_Asb 中节点的个数。在本节中，依据节点活跃度对节点进行分类，如图 9-1 所示。

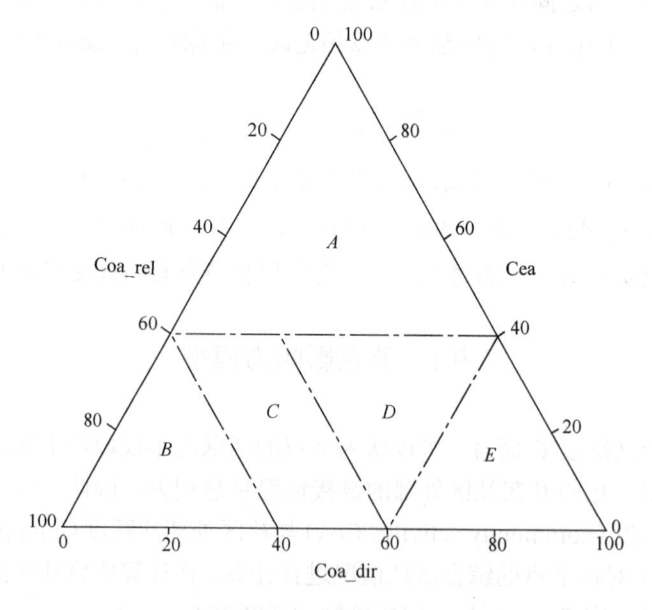

图 9-1　节点分类图

节点的区域划分如下：*A* 为外部型节点；*B* 为内部间接型节点；*C* 为内部被动型节点；*D* 为均衡型节点；*E* 为内部活跃型节点。在推荐中不使用 *B*、*C* 类节点为推荐节点。

9.2　社交亲密度

本节采用节点的共同邻居节点对节点间的社交亲密度进行计算，假定存在节点 i 与待传输节点 j，对二者的节点亲密度计算如下：

$$\mathrm{Sm}_{ij} = \mathrm{Sh}_{ij} \cdot \mathrm{Sc}_{ij} \tag{9-8}$$

式中，Sm_{ij} 为 i、j 节点的社交亲密度；Sh_{ij} 为 i、j 节点的共同邻居节点在 i、j 节点接触的所有节点中的占比情况；Sc_{ij} 为 i、j 节点的共同邻居节点对 i、j 节点的链接贡献情况。定义节点对边强度 K_{ij}，可以认为该比值越大，所共有的邻居节点对 i、j 节点的链路贡献度越高，$S_{(i)}$ 为与节点 i 相连的所有边的权重之和，W_{ij} 为节点 i 与节点 j 之间的边的权重值。对 Sh_{ij}、K_{ij} 和 Sc_{ij} 分别计算如下：

$$\mathrm{Sh}_{ij} = \frac{i\_\mathrm{Asb} \cap j\_\mathrm{Asb}}{i\_\mathrm{Asb} \cup j\_\mathrm{Asb}} \tag{9-9}$$

$$K_{ij} = \frac{W_{ij}}{S_{(i)} + S_{(j)}} \tag{9-10}$$

$$\mathrm{Sc}_{ij} = \sum_{c \in i\_\mathrm{Asb} \cap j\_\mathrm{Asb}} \left| A_{c\&i,j} \right|^2 \cdot K_{ij} \tag{9-11}$$

式中，c 为 i、j 邻居节点集合中的节点；i_Asb 为 i 节点的直接节点集合；$A_{c\&i,j}$ 为 c 节点对于 i、j 节点的匹配矩阵。

以图 8-3 为例，对 a-f、a-d 的社交亲密度分别进行计算：

$$K_{af} = \frac{1}{8}$$

$$A_{g\&a,f} = \begin{bmatrix} 0 & 0 & 0 & 4 & 2 & 1 \\ 0 & 0 & 0 & 0 & 0 & 0 \\ 0 & 0 & 0 & 0 & 0 & 0 \\ 4 & 0 & 0 & 0 & 4 & 1 \\ 2 & 0 & 0 & 4 & 0 & 0 \\ 1 & 0 & 0 & 1 & 0 & 0 \end{bmatrix}$$

$$A_{h\&a,f}=\begin{bmatrix}0&0&4&2&1&2\\0&0&0&0&0&0\\4&0&0&4&1&5\\2&0&4&0&0&0\\1&0&1&0&0&1\\2&0&5&0&1&0\end{bmatrix}$$

$$A_{k\&a,f}=\begin{bmatrix}0&0&0&4&1&2\\0&0&0&0&0&0\\0&0&0&0&0&0\\4&0&0&0&1&5\\1&0&0&1&0&1\\2&0&0&5&1&0\end{bmatrix}$$

$$\mathrm{Sc}_{af}=(|A_{g\&a,f}|^2+|A_{h\&a,f}|^2+|A_{k\&a,f}|^2)\cdot K_{af}=38.25$$

$$\mathrm{Sh}_{af}=\frac{3}{8}，\quad \mathrm{Sm}_{af}=\frac{3}{8}\times 38.25=14.34$$

$$K_{ad}=\frac{1}{26}$$

$$A_{c\&a,d}=\begin{bmatrix}0&1&1\\1&0&2\\1&2&0\end{bmatrix}$$

$$A_{e\&a,d}=\begin{bmatrix}0&1&2&0&2\\1&0&1&0&3\\2&1&0&0&1\\0&0&0&0&0\\2&3&1&0&0\end{bmatrix}$$

$$A_{k\&a,d}=\begin{bmatrix}0&1&2&0&0&2\\1&0&1&0&0&3\\2&1&0&0&0&1\\0&0&0&0&0&0\\0&0&0&0&0&0\\2&3&1&0&0&0\end{bmatrix}$$

$$A_{g\&a,d}=\begin{bmatrix}0&3&1&0&2&0\\3&0&2&0&1&0\\1&2&0&0&1&0\\0&0&0&0&0&0\\2&1&1&0&0&0\\0&0&0&0&0&0\end{bmatrix}$$

$$A_{b\&a,d}=\begin{bmatrix}0&3&1&2\\3&0&2&1\\1&2&0&1\\2&1&1&0\end{bmatrix}$$

$$\text{Sc}_{ad}=(|A_{c\&a,d}|^2+|A_{e\&a,d}|^2+|A_{k\&a,d}|^2+|A_{g\&a,d}|^2+|A_{b\&a,d}|^2)\cdot K_{ad}=6.62$$

$$\text{Sh}_{ad}=\frac{5}{9}，\ \text{Sm}_{ad}=\frac{5}{9}\times 6.62=3.68$$

通过计算可知，a、f 节点间的社交亲密度高于 a、d 节点间的社交亲密度。

9.3　仿真及结果分析

为了对学习资源推荐机制进行评估，本节依据 infocom06 数据集仿真后得出的初始化社区，将 infocom06 数据集中的 98 个节点分为 14 组，分别标注 groupID 为 A、B、C、D、E、F、G、H、I、J、K、L、M、N。每个小组的节点依据初始矩阵差异度确定 5 个亲密社区，其中亲密社区依据初始矩阵差异度的值从大到小可分别标注为 5、4、3、2、1，共 5 个等级。然后将所产生的消息也随机分为 14 类，分别添加标注 a、b、c、d、e、f、g、h、i、j、k、l、m、n。

每个小组所标注的类型为每个小组节点自身的兴趣类型，称其为原始兴趣类型。每个节点依据社交亲密度从组外节点中选择 1～7 个节点的原始兴趣类型作为自身的附加兴趣类型。

由于 ONE 仿真器的限制，消息的目的节点往往是随机的，因而消息的目的节点往往与该消息类型不匹配，因此不对该记录进行统计。消息传输中继节点在传输中若检测到所传输消息与自身兴趣类型相匹配，则将该消息依据文中所述的学习资源推荐机制选择合适的待传输节点，然后创建推荐消息并传输。

对于推荐消息与被推荐节点的匹配程度，若该消息类型存在于推荐节点的兴趣类型中，则该消息与该被推荐节点的匹配值为该节点对应的兴趣类型等级，否则匹配值为 0。

对推荐机制依据上述方案进行仿真，仿真结果如图 9-2 所示。

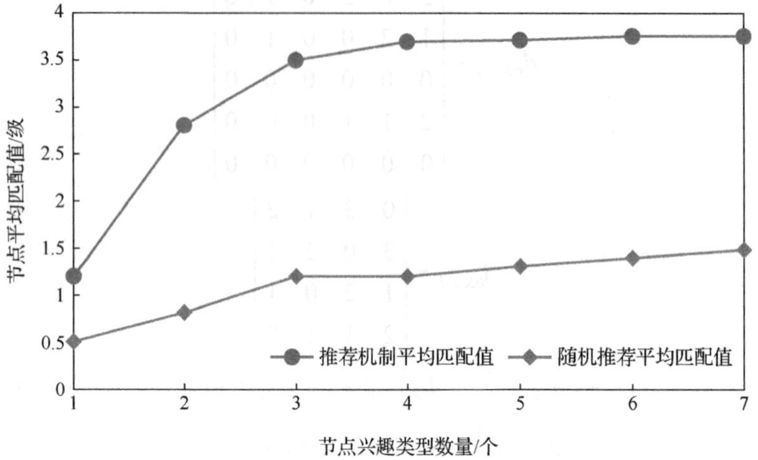

图 9-2　节点平均匹配值示意图

从图 9-2 中可以看出，采用推荐机制对消息进行推送得到的节点与消息之间的匹配值远高于随机推荐所得到的匹配值，即该推荐机制在机会网络环境下可得到良好的使用效果。

9.4　本 章 小 结

本章首先引入了基于机会网络的校园协作学习环境下的学习资源推荐机制。其次，提出节点可推荐系数公式。公式中节点的综合活跃度，即节点影响力参数综合考虑了社区活跃度与社区外部活跃度，同时设计综合活跃度计算公式。公式中的社交亲密度参数通过接触占比和链接贡献情况设计节点匹配矩阵进行计算。最后，对提出的学习资源推荐机制进行了仿真实验，验证了该推荐机制在机会网络环境下的有效性。

第10章　总结与展望

通过前述研究工作的开展，在机会网络的多媒体数据高效传输问题上，本书给出了成体系的数据分块传输调度方法。通过机会网络传输能力的计算模型和最优化数据分块的大小确定方法，建立了支持数据路由与调度的关键理论基础。通过设计算法引导分块在节点相遇时实现有序调度，使得在不影响分块传输效率、不增加递交延时的条件下，最终接收的分块总体分布趋于均匀。基于视频编码的分块传输提供了高效的调度方法，有望让用户在短时难以获得完整视频内容时，能最大限度地了解视频概略信息，为视频数据的后期传输提供决策依据。

首先，在移动社会网络的理论方法支持下，对校园社区内如何进行协作学习展开了研究与分析。由于移动社会网络与校园环境两者均为特殊环境，故经典社交网络的节点影响力计算方法无法在该环境下直接应用。在 MSN 下，共有五个因素决定学生节点影响力，分别是学生节点关联度、可接触性、学习 Lead 指数、学习中心性和接触中心性。这五个因素综合了学生节点的学习成绩、活跃程度、接触能力等多个特征。其次，在这五个因素的基础上，提出了四种算法，分别查找了自身接触的 TOP-K 序列、整体 TOP-K 序列和两者的结合。最后，对其进行仿真实验，验证其有效性。

对于如何使得优质学习资源快速扩散的问题，首先根据学生的日常生活规律和在协作小组背景下各个小组节点之间的交流特征，创建了校园节点移动模型和节点所需保持的标签信息并建立了 KSCB 算法。根据校园情况下节点移动规律性较强的特点，对节点之后的接触情况进行了预测，并对待传输节点的社区影响力进行了计算。当待传输节点的社区中心性较低时，可以建模历史记录，为接触情况相似的节点，选择最合适的待传输节点。通过仿真实验验证，KSCB 算法在感兴趣节点比例和消息保留时长合理的情况下，能够取得较好的传输效果，并避免了消息冗余和对不感兴趣节点的接触机会的浪费。通过对机会网络冷启动中节点运行特征的研究，对冷启动阶段进行划分，并提出 ONCSRouter 算法，以实现节点在冷启动阶段对于周围节点链路连接情况的迅速掌握。通过实验可知，ONCSRouter 可以在节点社区尚未完全成熟，在耗费较少能量并不造成消息冗余的情况下，将消息以较快的速度传递至目的节点。经过实验可知，ONCSRouter 均可以表现出较高的性能，特定条件下，其传输率可接近 EpidemicRouter，且不会造成节点能量的浪费和消息的冗余。

对于视频分块传输与调度问题的解决，使得后续研究进一步聚焦在信任度建模、视频编码方法与路由调度关系衔接等更深层次的问题上。对于 TOP-K 节点的选择问题，由于 k 值对 Nc 算法的消息递交率影响较大，为了得到更高的递交率、更高的回复准确率、更低的消息冗余，应当对不同接触情况的节点采取不同的 k 值。因此在之后的工作中，应当对 k 值的取值范围，即对不同接触情况节点的 k 的取值情况展开研究。

对于其他方面，可从以下方面继续开展研究。

（1）针对便携设备缓存空间受限和数据在链路中的冗余情况，可对节点的缓存策略进行研究，以实现更高效的文件更替和存储方案。

（2）可对移动校园情境下节点的运动模型进行更细致的分析与建模，并建立更贴近校园学习者节点移动与交互实际的实验数据集，进一步提升信息传输效率。

参 考 文 献

[1] KARALIOPOULOS M, TELELIS O, KOUTSOPOULOS I. User recruitment for mobile crowdsensing over opportunistic networks[C]. 2015 IEEE Conference on Computer Communications, Hong Kong, China, 2015: 2254-2262.

[2] YAO L, MAN Y, HUANG Z, et al. Secure routing based on social similarity in opportunistic networks[J]. IEEE Transactions on Wireless Communications, 2016, 15(1): 594-605.

[3] DEDE J, FORSTER A, HERNÁNDEZ-ORALLO E, et al. Simulating opportunistic networks: Survey and future directions[J]. IEEE Communications Surveys & Tutorials, 2017, 20(2): 1547-1573.

[4] LIU Y, WU H, XIA Y, et al. Optimal online data dissemination for resource constrained mobile opportunistic networks[J]. IEEE Transactions on Vehicular Technology, 2017, 66(6): 5301-5315.

[5] WU Y, ZHAO Y, RIGUIDEL M, et al. Security and trust management in opportunistic networks: A survey[J]. Security and Communication Networks, 2015, 8(9): 1812-1827.

[6] 王小明, 朱腾蛟, 李鹏, 等. 机会网络中视频分块随机集中调度算法[J]. 北京邮电大学学报, 2016, 39(3): 75-79.

[7] MCPHEE M J. MANET with DNS database resource management and related methods: U.S. Patent 9185070[P]. 2015-11-10.

[8] RAJESH M, GNANASEKAR J M. Consistently neighbor detection for MANET[C]. 2016 International Conference on Communication and Electronics Systems, IEEE, Coimbatore, India, 2016: 1-9.

[9] MA H D, YUAN P Y, ZHAO D. Research progress on routing problem in mobile opportunistic networks[J]. Journal of Software, 2015, 26(3): 600-616.

[10] BORGIA E, BRUNO R, PASSARELLA A. Making opportunistic networks in IoT environments CCN-ready: A performance evaluation of the MobCCN protocol[J]. Computer Communications, 2018, 123: 81-96.

[11] BEAUQUIER J, BLANCHARD P, BURMAN J, et al.Tight complexity analysis of population protocols with cover times-The ZebraNet example[J]. Theoretical Computer Science, 2013, 512: 15-27.

[12] SCOTT J, GASS R, CROWCROFT J, et al. CRAWDAD Cambridge/haggle [EB/OL]. (2009-05-29)[2022-06-15]. https: //dx.doi.org/10.15783/C70011.

[13] HULL B, BYCHKOVSKY V, YANG Z, et al.CarTel: A distributed mobile sensor computing system[C]. Proceedings of the 4th International Conference on Embedded Networked Sensor Systems, Association for Computing Machinery, New York, USA, 2006: 125-138.

[14] PENTLAND A, FLETCHER R, HASSON A. DakNet: Rethinking connectivity in developing nations[J]. Computer, 2004, 37(1): 78-83.

[15] DORIA A, UDEN M, PANDEY D. Providing connectivity to the Saami nomadic community[J]. Generations, 2002, 1(1): 1-8.

[16] LINDGREN A, HUI P.The quest for a killer app for opportunistic and delay tolerant networks[C]. Proceedings of the 4th ACM Workshop on Challenged Networks, Association for Computing Machinery, New York, USA, 2009: 59-66.

[17] CONTI M, KUMAR M. Opportunities in opportunistic computing[J]. Computer, 2010, 43(1): 42-50.

[18] CONTI M, GIORDANO S, MAY M, et al.From opportunistic networks to opportunistic computing[J]. Communications Magazine, 2010, 48(9): 126-139.

[19] MERONI P, PAGANI E, ROSSIG P, et al. An opportunistic platform for android-based mobile devices[C]. Proceedings of the Second International Workshop on Mobile Opportunistic Networking, Association for Computing Machinery, New York, USA, 2010: 191-193.

[20] 蔡青松, 牛建伟, 刘畅. 一种机会网络中的消息发布订阅算法[J]. 计算机工程, 2011, 37(12): 19-22.

[21] LU S, CHAVAN G, LIU Y. Design and analysis of a mobile file sharing system for opportunistic networks[C]. 2011 Proceedings of 20th International Conference on Computer Communications and Networks, Lahaina, USA, 2011: 1-6.

[22] SHARMA D K, DHURANDHER S K, WOUNGANG I, et al. A machine learning-based protocol for efficient routing in opportunistic networks[J]. IEEE Systems Journal, 2018, 12(3): 2207-2213.

[23] WU J, CHEN Z. Sensor communication area and node extend routing algorithm in opportunistic networks[J]. Peer-to-Peer Networking and Applications, 2018, 11(1): 90-100.

[24] SOUZA C, MOTA E, MANZONI P, et al. Friendly-drop: A social-based buffer management algorithm for opportunistic networks[C]. 2018 Wireless Days, IEEE, Dubai, United Arab Emirates, 2018: 172-177.

[25] 宋明阳, 袁培燕. 机会路由算法中层次化的辅助信息获取机制[J]. 计算机科学与探索, 2018, 12(5): 769-776.

[26] 刘浩, 陈志刚, 张连明. 移动社交网络中基于拍卖模型的数据转发激励机制[J]. 通信学报, 2017, 38(11): 111-120.

[27] PAPADAKI C, KARKKAINEN T, OTT J. Composable distributed mobile applications and services in opportunistic networks[C]. 2018 IEEE 19th International Symposium on "A World of Wireless, Mobile and Multimedia Networks", Chania, Greece, 2018: 14-23.

[28] LI P, WANG X M, ZHANG L C, et al. Higher-load data transmitting in opportunistic networks based on probability analysis of communicating capabilities[C]. 2016 IEEE International Conference on Social Computing, Atlanta, USA, 2016: 325-332.

[29] 张丹, 林亚光, 张珊珊, 等. 机会网络中数据分块大小对多媒体消息转发的影响[J]. 计算机工程与应用, 2016, 52(1): 71-75.

[30] KUMAR P, CHAUHAN N, CHAND N. Security framework for opportunistic networks[C]. Progress in Intelligent Computing Techniques: Theory, Practice, and Applications, Springer, Singapore, 2018: 465-471.

[31] WU D, ZHANG F, WANG H, et al. Security-oriented opportunistic data forwarding in mobile social networks[J]. Future Generation Computer Systems, 2018, 87: 803-815.

[32] PRAKASH D, KUMAR N, GARG M L. Optimized routing for efficient data dissemination in MANET to meet the fast-changing technology[J]. Journal of Global Information Management, 2018, 26(3): 25-36.

[33] LEE S J, SU W, GERLA M. On-demand multicast routing protocol in multihop wireless mobile networks[J]. Mobile Networks and Applications, 2002, 7: 441-453.

[34] 聂志, 刘静, 甘小莺, 等. 移动 Ad Hoc 网络中机会路由转发策略的研究[J]. 重庆邮电大学学报: 自然科学版, 2010, 22(4): 421-425.

[35] WANG X, ZHU X. Anycast-based content-centric MANET[J]. IEEE Systems Journal, 2018, 12(2): 1679-1687.

[36] KRISHNA S R K M, RAMANATH M B N S, PRASAD V K. Optimal reliable routing path selection in MANET through hybrid PSO-GA optimisation algorithm[J]. International Journal of Mobile Network Design and Innovation, 2018, 8(4): 195-206.

[37] HASSAN M H, MOSTAFA S A, BUDIYONO A, et al. A hybrid algorithm for improving the quality of service in MANET[J]. International Journal on Advanced Science, Engineering and Information Technology, 2018, 8(4): 1218-1225.

[38] 杨云辉, 王小明, 张立臣, 等. 一种基于历史信息的社会机会网络路由算法[J]. 计算机技术与发展, 2018(2): 64-68, 73.

[39] 刘林峰, 严禹道, 吴国新. 一种基于节点移动倾向检测的社会网络机会转发机制[J]. 计算机科学, 2017, 44(7): 74-78.

[40] GUPTA P, GOEL P, VARSHNEY P, et al. Reliability factor based AODV protocol: Prevention of black hole attack in MANET[C]. Smart Innovations in Communication and Computational Sciences, Springer, Singapore, 2019: 271-279.

[41] HU H, WEN Y, NIYATO D. Spectrum allocation and bitrate adjustment for mobile social video sharing: Potential game with online QoS learning approach[J]. IEEE Journal on Selected Areas in Communications, 2017, 35(4): 935-948.
[42] NI J, CHENG W, FAN W, et al. ComClus: A self-grouping framework for multi-network clustering[J]. IEEE Transactions on Knowledge & Data Engineering, 2018, 30(3): 435-448.
[43] ANSHARI M, ALAS Y, GUAN L S. Developing online learning resources: Big data, social networks, and cloud computing to support pervasive knowledge[J]. Education and Information Technologies, 2016, 21(6): 1663-1677.
[44] DILLENBOURG P. What do you mean by collaborative learning?[J]. Collaborative Learning Cognitive and Computational Approaches, 1999, 1(6): 1-15.
[45] WANG S L, HWANG G J. The role of collective efficacy, cognitive quality, and task cohesion in computer-supported collaborative learning (CSCL)[J]. Computers & Education, 2012, 58(2): 679-687.
[46] WEISER M.The computer for the 21st Century[J]. IEEE Pervasive Computing, 2002, 1(1): 19-25.
[47] 何喆. 基于作业平台的小学生协作学习活动设计与实践[D]. 上海: 华东师范大学, 2018.
[48] PARK S. Implications of learning strategy research for designing computer-assisted instruction[J]. Journal of Research on Computing in Education, 2014, 27(4): 435-456.
[49] 黄荣怀. 移动学习: 理论、现状、趋势[M]. 北京: 科学出版社, 2008.
[50] 唐磊, 陈志刚, 曾锋, 等. 面向现实的移动 SNS 系统[J]. 计算机系统应用, 2012, 21(1): 5-12.
[51] 任智, 黄勇, 陈前斌. 机会网络路由协议[J]. 计算机应用, 2010, 30(3): 723-728.
[52] CHAUHAN G K, PATEL S M. Public string based threshold cryptography (PSTC) for mobile Ad Hoc networks (MANET)[C]. 2018 Second International Conference on Intelligent Computing and Control Systems, IEEE, Madurai, India, 2018: 1-5.
[53] 熊永平, 孙利民, 牛建伟, 等. 机会网络[J]. 软件学报, 2009, 20(1): 124-137.
[54] 李峰, 司亚利, 陈真, 等. 基于信任机制的机会网络安全路由决策方法[J]. 软件学报, 2018, 29(9): 2829-2843.
[55] TRIFUNOVIC S, KOUYOUMDJIEVA S T, DISTL B, et al. A decade of research in opportunistic networks: Challenges, relevance, and future directions[J]. IEEE Communications Magazine, 2017, 55(1): 168-173.
[56] ZHAO D, MA H, TANG S, et al. COUPON: A cooperative framework for building sensing maps in mobile opportunistic networks[J]. IEEE Transactions on Parallel and Distributed Systems, 2015, 26(2): 392-402.
[57] LI H, OTA K, DONG M, et al. Mobile crowdsensing in software defined opportunistic networks[J]. IEEE Communications Magazine, 2017, 55(6): 140-145.
[58] 李鹏, 王小明, 张立臣, 等. 机会网络视频数据的分块渐进传输新方法[J]. 电子学报, 2018, 46(9): 2165-2172.
[59] 郑啸, 高汉, 王修君, 等. 移动机会网络中接触时间感知的协作缓存策略[J]. 计算机研究与发展, 2018, 55(2): 338-345.
[60] 刘名阳, 陈志刚, 吴嘉. 机会网络中计算节点间数据分组余弦相似度的高效转发策略[J]. 小型微型计算机系统, 2019, 40(1): 104-110.
[61] 姚玉坤, 张强, 杨及开. 基于社会组的高投递率机会网络路由协议[J]. 计算机应用研究, 2017, 34(2): 577-581.
[62] 舒坚, 张学佩, 刘琳岚, 等. 基于深度卷积神经网络的多节点间链路预测方法[J]. 电子学报, 2018, 46(12): 2970-2977.
[63] 邓霞, 常乐, 梁俊斌, 等. 移动机会网络组播路由的研究进展[J]. 计算机科学, 2018, 45(6): 19-26.
[64] 窦冲, 王小明, 林亚光, 等. 基于社会关系和信任关系的机会网络路由算法[J]. 计算机技术与发展, 2018, 28(11): 69-74.
[65] 郑永刚, 孙文胜. 基于节点属性的机会网络节能路由算法[J]. 计算机应用与软件, 2018, 35(8): 213-218, 242.
[66] WANG X, LIN Y, ZHAO Y, et al. A novel approach for inhibiting misinformation propagation in human mobile opportunistic networks[J]. Peer-to-Peer Networking and Applications, 2017, 10(2): 377-394.
[67] YUAN P, FAN L, LIU P, et al. Recent progress in routing protocols of mobile opportunistic networks: A clear taxonomy, analysis and evaluation[J]. Journal of Network and Computer Applications, 2016, 62: 163-170.

[68] DHURANDHER S K, BORAH S J, WOUNGANG I, et al. A location prediction-based routing scheme for opportunistic networks in an IoT scenario[J]. Journal of Parallel and Distributed Computing, 2018, 118: 369-378.

[69] CUKA M, ELMAZI D, BYLYKBASHI K, et al. Implementation and performance evaluation of two fuzzy-based systems for selection of IoT devices in opportunistic networks[J]. Journal of Ambient Intelligence and Humanized Computing, 2019, 10(2): 519-529.

[70] 张丹. 面向移动学习的机会网络视频分块及调度策略研究[D]. 西安: 陕西师范大学, 2016.

[71] LI P, WANG X M, LU J L, et al.Optimization-based fragmental transmission method for video data in opportunistic networks[J]. Tsinghua Science and Technology, 2017, 22(4): 389-399.

[72] CUKA M, ELMAZI D, IKEDA M, et al. Selection of IoT devices in opportunistic networks: A fuzzy-based approach considering IoT device's selfish behaviour[C]. International Conference on Advanced Information Networking and Applications, Springer, Montana Switzerland, 2019: 251-264.

[73] CHANCAY-GARCIA L, HERNÁNDEZ-ORALLO E, MANZONI P, et al. Evaluating and enhancing information dissemination in urban areas of interest using opportunistic networks[J]. IEEE Access, 2018, 6: 32514-32531.

[74] 李晓峰, 王贵竹, 徐正欢. 基于六度分离理论的容滞网络路由算法研究[J]. 计算机工程与科学, 2011, 33(7): 32-35.

[75] CHAINTREAU A, HUI P, CROWCROFT J, et al. Impact of human mobility on opportunistic forwarding algorithms[J]. Mobile Computing, IEEE Transactions on Mobile Computing, 2007, 6(6) : 606-620.

[76] HAMID S, WAYCOTT J, KURNIA S, et al. Understanding students' perceptions of the benefits of online social networking use for teaching and learning[J]. The Internet and Higher Education , 2015, 2(26): 1-9.

[77] PETROCZI A, NEPUSZ T, BAZSO F. Measuring tie-strength in virtual social networks[J]. Connections, 2007, 27(2): 39-52.

[78] FRIEDKIN N. A test of structural features of granovetter's strength of weak ties theory[J]. Social Networks, 1980, 2(4): 411-442.

[79] ROGERS E M.Network Analysis of the Diffusion of Innovations[M]//HOLLAND P W, LEINHARDT S.Perspectives on Social Network Research.New York: Academic Press, 1979.

[80] FINE G A, LEINAME S.Rethinking subculture: An interactionist analysis[J]. American Journal of Sociology, 1979, 85(1): 1-20.

[81] 沈洪洲, 袁勤俭. 基于社交网络的社交关系强度分类研究[J]. 情报学报, 2014, 33(8): 846-859.

[82] GARTON L, HAYTHORNTHWAITE C, WELLMAN B.Studying online social networks [EB/OL]. [1997-06-01]. https://doi.org/10.1111/j.1083-6101.1997.tb00062.x.

[83] BELBLIDIA N, DE AMORIM M D, COSTA L H M K, et al.Part-whole dissemination of large multimedia contents in opportunistic networks[J]. Computer Communications, 2012, 35(15): 1786-1797.

[84] MAY R M, ANDERSON R M.Population biology of infectious disease: Part II [J]. Nature, 1979, 280: 455-461.

[85] 谢梦瑶. "点赞": 网络社交平台中的弱连接[D]. 长沙: 湖南大学, 2015.

[86] 郝予实, 范玉顺. 服务系统中冷启动服务协作关系挖掘与预测[J]. 清华大学学报(自然科学版), 2019, 59(11): 917-924.

[87] 于洪, 李俊华. 一种解决新项目冷启动问题的推荐算法[J]. 软件学报, 2015, 26(6): 1395-1408.

[88] WANG L C, MENG X W, ZHANG Y J.Context-aware recommender systems: A survey of the state-of-the-art and possible extensions[J]. Ruanjian Xuebao/Journal of Software, 2012, 23(1): 1-20.

[89] DESHPANDE M, KARYPIS G.Item-based top -N recommendation algorithms[J]. ACM Transactions on Information Systems, 2004, 22(1): 143-177.

[90] HUANG K, FAN Y, TAN W. Recommendation in an evolving service ecosystem based on network prediction [J]. IEEE Transactions on Automation Science and Engineering, 2014, 11(3): 906-920.

[91] ZHANG Y, LEI T P, WANG Y. A service recommendation algorithm based on modeling of implicit demands [C]. Proceedings of the 23th IEEE International Conference on Web Services, San Francisco, USA, 2016: 17-24.

[92] RESNICK P, VARIAN H R. Recommender systems [J]. Communications of the ACM, 1997, 40(3): 56-58.

[93] BRANDES U, DELLING D, GAERTLER M, et al. On modularity clustering[J]. IEEE Transactions on Knowledge and Data Engineering, 2008, 20(2): 172-188.
[94] GOOD B H, DE MONTJOYE Y, CLAUSET A, et al. The performance of modularity maximization in practical contexts[J]. Physical Review E, 2009, 81(4): 1-20.
[95] NEWMAN M E J, GIRVAN M. Finding and evaluating community structure in networks[J]. Physical Review E, 2004, 69(2): 026113.
[96] 王莉, 程学旗. 在线社会网络的动态社区发现及演化[J]. 计算机学报, 2015, 38(2): 219-237.
[97] 王贵竹, 张家勇, 王炳庭. SA-DTN: 基于节点社会活跃度的 DTN 路由研究[J]. 计算机应用研究, 2011, 28(4): 1524-1526.
[98] 冯军焕, 张燕, 范平志. Ad Hoc 网络中一种基于邻节点活跃度的自适应退避算法[J]. 系统仿真学报, 2008, 20(5): 1348-1352.
[99] 付饶, 孟凡荣, 邢艳. 基于节点重要性与相似性的重叠社区发现算法[J]. 计算机工程, 2018, 44(9): 192-198.
[100] LANCICHINETTI A, FORTUNATO S, KERTÉSZ J. Detecting the overlapping and hierarchical community structure in complex networks[J]. New Journal of Physics, 2009, 11 (3): 033015.
[101] CLAUSET A. Finding local community structure in networks[J]. Physical Review E, 2005, 72(2): 026132.